乡村振兴实用技术培训教材

U0821235

养驼与驼病防治

柳旭伟　葛文霞　董林生　主编

中国农业大学出版社
·北京·

内 容 简 介

本书是中国特色高水平高职学校和专业建设计划新疆农业职业技术学院畜牧兽医专业群建设“乡村振兴”系列培训教材之一，由学校教师和企业专家共同编写而成。内容主要包括：认识骆驼、骆驼的生产性能、骆驼的繁殖、骆驼的饲养管理和驼病防治。本书汲取了国内外骆驼养殖的研究成果和经验，紧紧围绕骆驼养殖现状和发展趋势编写，内容丰富、技术实用，适用于骆驼养殖场员工、骆驼饲养户、畜牧科技工作者和农业院校师生阅读参考，尤其适合作为骆驼养殖技术培训的配套用书。

图书在版编目(CIP)数据

养驼与驼病防治／柳旭伟，葛文霞，董林生主编．--北京：中国农业大学出版社，2023.11

ISBN 978-7-5655-3087-6

Ⅰ.①养…　Ⅱ.①柳…　②葛…　③董…　Ⅲ.①骆驼－饲养管理②骆驼病－防治　Ⅳ.①S824②S858.24

中国国家版本馆 CIP 数据核字(2023)第 202263 号

书　　名　养驼与驼病防治

作　　者　柳旭伟　葛文霞　董林生　主编

策划编辑　康昊婷　　**责任编辑**　康昊婷
封面设计　李尘工作室
出版发行　中国农业大学出版社
社　　址　北京市海淀区圆明园西路 2 号　　**邮政编码**　100193
电　　话　发行部 010-62733489，1190　　读者服务部 010-62732336
编辑部 010-62732617，2618　　出　版　部 010-62733440
网　　址　http://www.caupress.cn　　**E-mail** cbsszs@cau.edu.cn
经　　销　新华书店
印　　刷　天津鑫丰华印务有限公司
版　　次　2023 年 12 月第 1 版　　2023 年 12 月第 1 次印刷
规　　格　170 mm×240 mm　　16 开本　　10.75 印张　　166 千字
定　　价　35.00 元

图书如有质量问题本社发行部负责调换

编审人员

主　编: 柳旭伟　葛文霞　董林生

副主编: 刘晓娜　冯　凯　陈　英

编　者: 柳旭伟(新疆农业职业技术学院)

葛文霞(新疆农业职业技术学院)

董林生(昌吉州动物疾病预防控制中心)

刘晓娜(新疆农业职业技术学院)

牛彦兵(新疆农业职业技术学院)

冯　凯(新疆农业职业技术学院)

陈　英(新疆农业职业技术学院)

杨力伟(新疆农业职业技术学院)

郭庆河(新疆农业职业技术学院)

李红燕(天山畜牧生物工程有限责任公司)

主　审: 邓双义(新疆农业职业技术学院)

前　言

骆驼是生活在荒漠和半荒漠地区的特有畜种，常年利用着生在当地的旱生、超旱生植物和干旱缺水的生态环境，为人类提供肉、奶、皮和绒毛产品。但是，自古以来，人们都把骆驼列为“六畜”之外，只靠外牧放养，很少圈养补饲。所以，骆驼产品虽然质量高，但产量少，尤其营养价值极高的骆驼奶产量低、开发利用也较少。

随着市场经济的快速发展和人们饮食结构的改变，对骆驼肉、奶的需求日益迫切，因而，对骆驼的生产、发展及其经济价值有了新的认识，尤其是对人有滋补和保健作用的骆驼奶更受到广大消费者青睐，也给骆驼产业带来了新的生机。

骆驼作为畜牧业的主要畜种，由于人为形成的自然选择作用，母驼发情无规律，空怀现象严重，繁殖率低，产奶量不高，经济效益差，与飞速发展的经济存在一定差距。加之人们对骆驼繁殖培育以及饲养管理缺乏系统的科学研究，导致骆驼养殖一直很难形成规模，经济效益也较低，影响了骆驼养殖业的发展。

本书结合我国养驼业生产实践，主要阐述骆驼在国民经济建设中的意义、我国养驼业简史、骆驼品种及生物学特性、解剖生理特征、体质外形、生产性能、繁殖、饲养管理及疾病防治等内容，其目的是进一步加深各级专业技术人员和广大牧民群众对骆驼产业的认识，改变传统观念，重视科学研究，通过生产实践，提高骆驼的生产性能和养驼业的经济效益。

教育、科技、人才是全面建设社会主义现代化国家的基础性、战略性支持。教材作为载体，对教育的发展有重要作用。本书是中国特色高水平高职学校和专业建设计划新疆农业职业技术学院畜牧兽医专业群建设“乡村振兴”系列培训教材之一。本书的绪论部分由董林生编写；项目一中的任务一至任务三由刘晓娜编写，任务四、任务五由杨力伟编写，任务六、任务七由陈英编写；项目二中的任务一至任务三由冯凯编写，任务四、任务五由李红燕编写；项目三中的任务一至任务三由牛彦兵编写，任务四、任务五由郭庆河编写；项目四由葛文霞编写；项目五由柳旭伟编写。

本书的编写得到了新疆畜牧兽医局、新疆畜牧科学院、昌吉州动物疾病预防控制中心、新疆旺源生物科技集团有限公司、新疆阿方提骆驼养殖有限公司、新疆新驼乳业有限公司、新疆中驼生物科技有限公司、天山畜牧生物工程有限责任公司的大力支持，在此表示衷心的感谢。

由于编者水平有限，加之资料不足和时间紧迫，本书中的缺点和错误在所难免，恳请读者提出批评意见，以便再版时修改。

编　者

2023 年 2 月

目　录

绪 论

一、养驼业在国民经济中的意义

骆驼是我国西北、华北荒漠、半荒漠地区的重要畜种，也是这一地区草原畜牧业的重要组成部分。几千年来，骆驼在这一地区，既是人们的生产资料，又是人们的生活资料。骆驼在畜牧业中占有十分重要的地位，在大畜中数量多、比率高。发展养驼业对繁荣市场经济、建设现代化畜牧业具有十分重大的意义。发展养驼业，能够满足边疆地区人民的生活需要，加强民族团结、巩固边疆建设；可以源源不断地为轻工业提供优质原料，支援工业建设；能够提供肉、乳产品，充实市场供应，支援市场经济建设；可以增加出口货源，发展对外贸易。

新疆草场资源丰富，面积约 12 亿亩，有效利用面积 7.6 亿亩，占全国草场面积的 17.2%。按类型划分，荒漠草场占 45.1%，为新疆发展养驼业提供了得天独厚的条件。

骆驼是边远牧区重要的驮载骑乘工具，牧民的四季转场都少不了骆驼，一峰驼一般驮载 150～200 kg，日行 30～50 km。骆驼的骑乘能力、奔跑速度不及马，但持久力远比马强，而且步幅大而稳，是沙漠戈壁的主要交通工具。

驼肉含蛋白质较高，瘦肉多脂肪少，屠宰率 52%左右，净肉率 35%～40%。

驼奶是牧民奶食品的主要来源，除作奶茶饮用外，还可加工成酥油、干酪、奶酒、奶粉等。驼奶含干物质较高，脂肪球小，营养丰富，容易被人体消化吸收。

驼绒多用来做衣裤、被褥等，产品十分轻便、柔软，保暖效果好，驼绒是毛纺工业的重要原料。

骆驼耐饥渴能力较强，5～7 d 不饮不吃依旧可以生活使役。更重要的是它可以食用其他家畜无法利用的、各种粗糙的木质化程度很高的、灰分含量大的、带有强烈异味的草本、木本植物。因此，骆驼不存在与其他家畜争草场的情况。此外，骆驼是软蹄动物，对草场的践踏程度较轻，破坏力较小。所以骆驼是合理利用荒漠草场较为理想的动物，是一种苛求少、贡献多的家畜。

由于以上种种因素，在荒漠、半荒漠草场较丰富的新疆，大力发展养驼业，促进民族地区国民经济的发展有重要的现实意义和深远的历史意义。

二、养驼业今后的发展方向

经济在发展，科学技术水平在提高，养驼业作为农业经济建设的一部分，也必须相应地发展。从目前来看，养驼业仍然存在需要解决的问题。

一是骆驼是荒漠、半荒漠地区的特有畜种，过去由于重视不够，研究甚少，资料较缺。因此，有待继续认真做好调查研究，尤其在适宜骆驼生长条件且有养驼基础的地区，根据本地区自然、经济特点，因地制宜地制订发展计划，采取有力措施，使养驼业能够有一个较大发展。

二是长期以来，养驼业处于原始生产状态，饲养管理极其粗放，交配繁殖任其发展，形成了其役、绒毛、乳、肉综合生产力。根据市场经济发展的需要，今后应以产奶和绒毛生产为主要方向。如从国外引进的双峰驼即阿斯特拉罕驼，具有个体高大，年平均产毛量高（公驼为 10～12 kg，母驼为 5～7 kg），产奶量高（日挤奶 6～8 kg，乳脂率 5%～6%）的特点，对我国的双峰驼杂交改良，提高毛、奶产量，使养驼业向稳定、优质、高产的方向发展具有重要意义。

三是要加强对骆驼的饲养管理。白天在野外放牧后夜间要补饲，提高膘情，尤其对适龄母驼，在提高膘情的基础上，进行“同期发情”试验，使母驼和公驼同期发情，接受交配，提高受胎率。

四是积极开展疫病调查和防疫工作。对一些重大疫病，如口蹄疫、布鲁氏菌病和传染性脓疮病等，制定免疫程序，减少疫情发生，保证养驼业健康发展。

五是开展驼奶生产、加工的技术研究和生产指导，杜绝掺杂做假，稳定驼奶及其产品的市场销售价格，保证养驼业稳步发展。

项目一

认识骆驼

任务一　骆驼品种

一、双峰驼品种

双峰驼品种，国内有新疆驼、阿拉善驼和苏尼特驼，国外有阿斯特拉罕驼、哈萨克驼和蒙古驼。

1. 新疆驼

新疆驼在全疆分布较广，各县(市)均有饲养，约10万峰。北疆居多，约占60%。以阿勒泰、塔城两地区较多，约占全疆总驼数的23%。

新疆土地辽阔，沙漠和戈壁面积广大。历史上的对外联系，主要靠骆驼，在频繁交往中，难免混入外来驼种的血统，因此造成各地新疆驼的体形结构和个体不一致，特别是北疆驼，从甘肃迁入的居民带来的阿拉善驼，与北疆驼混交，使部分新生骆驼混入了阿拉善驼的血统，南疆驼与北疆驼存在着混牧交配，繁殖的后代与原种驼出现了一定差异。

北疆驼：体躯低矮，结构匀称，头小而轻，颈长短适中，两峰发育良好，胸深而宽，四肢短，绒层厚密，以褐色和黄色毛居多。

南疆驼：体质细致紧凑，被毛较短，头小清秀，鼻直嘴尖，颈长肢高，胸较深，但宽度不足，两峰短小，毛色较浅，以黄色和杏黄色居多。

新疆驼由于地理条件关系，一直以来均从事较重的使役(驮载和乘骑)，成年驼驮重 200 kg，日行 30～50 km。北疆驼年产毛量 3～5 kg，公驼最高可达 14 kg。南疆驼产毛量稍低。新疆驼的平均体尺见表 1-1。

表 1-1　新疆驼的平均体尺 cm

地区	性别	体高	体长	胸围	管围
北疆	母	166.0	144.9	211.3	18.6
南疆	母	173.9	147.5	209.6	19.1
北疆	骟	172.0	152.2	219.7	20.7
南疆	骟	180.0	155.2	220.1	20.7
南疆	公	181.3	152.4	215.9	21.0

2. 阿拉善驼

阿拉善驼主要分布在内蒙古的阿拉善左旗、阿拉善右旗、额济纳旗、潮格旗及其邻近地区，总存栏约 25 万峰。

阿拉善驼，头大小适中，鼻梁微拱，眼眶突出，颈较长，一般在 1 m 左右，颈基较低，肩胛骨长，胸深宽，肋骨开张良好，背腰宽平，结合良好，两峰大小中等，峰间距适中，肷大而明显，尻短斜，腹大而圆，四肢细长，关节强大，筋腱明显，后肢有轻度的刀状肢势。体质粗糙结实，骨骼坚实，肌肉发达，毛色以黄、杏黄和紫红为主。阿拉善驼的平均体尺见表 1-2。

表 1-2　阿拉善驼平均体尺 cm

性别	体高	体长	胸围	管围
公	170.7	141.0	204.0	20.3
母	168.3	143.0	200.9	18.0
骟	176.6	148.6	208.5	19.2

阿拉善驼成年驼年产毛 3.5～5.5 kg，高者可达 12 kg，净毛率 75%左右。素以“王府驼毛”著称。

阿拉善驼驮载力强，一般驮重可达 150～200 kg，母驼除哺育驼外，日挤奶 1～1.5 kg，最高可达 2.0～2.5 kg，泌乳期长达 14～16 个月，屠宰率 52%左右。

3. 苏尼特驼

苏尼特驼主要分布在内蒙古的锡林郭勒盟、乌兰察布市及其邻近地区，以苏尼特左旗、苏尼特右旗、四子王旗和二连浩特为中心产区。苏尼特驼体格粗壮，结构匀称，体躯较大。头中等大，鼻梁微拱，两峰较大，峰间距离较宽，胸深而宽，背腰宽平，后躯发育中等，四肢肢势正常，筋腱明显，蹄大而厚，毛色一般较深，多紫红或杏黄。苏尼特驼的平均体尺见表 1-3。

表 1-3　苏尼特驼的平均体尺　　cm

性别	体高	体长	胸围	管围
公	185.8	169.4	232.9	21.6
母	176.8	155.9	221.1	19.0
骟	179.3	163.8	245.0	23.3

苏尼特驼绒层厚密，较粗，保护毛发达，年产毛平均在 5 kg 左右，最高可达 10 kg，膘情好的苏尼特驼可产净肉 450～480 kg。

4. 阿斯特拉罕驼

阿斯特拉罕驼主要分布于伏尔加河下游的乌克兰阿斯特拉罕省及其附近地区。该骆驼体格高大，骨骼坚实，体质结实，肌肉发达，膘情好时两峰基部几乎相连，毛色以灰白色居多，绒长而密，年平均产毛量可达 10～12 kg，个别可达 21 kg，母驼可达 5～7 kg。泌乳期除哺育驼羔外，日挤奶 6～8 kg，乳脂率 5.0%～6.0%，屠宰率 50%。膘情好时，两峰和腹内脂肪可达 100～110 kg。阿斯特拉罕驼的平均体尺见表 1-4。

表 1-4　阿斯特拉罕驼的平均体尺　　cm

性别	体高	体长	胸围	管围
公	185.0	167.4	245.2	23.2
母	180.1	163.0	231.9	23.2

5. 哈萨克驼

哈萨克驼主要分布在哈萨克斯坦、乌兹别克斯坦、吉尔吉斯坦，其体质结实、个体大小中等、腿较短，体躯长且宽，颈长呈深弯曲，颈基较低，四肢坚实，肢势正常。哈萨克驼的平均体尺见表 1-5。

表 1-5 哈萨克驼的平均体尺 cm

产地	体高	体长	胸围	管围	胸深	胸高
哈萨克斯坦共和国	172.5	151.8	216.1	18.9	84.1	88.4
乌兹别克斯坦共和国	169.7	144.0	204.9	19.7	79.8	89.9

6. 蒙古驼

蒙古驼主要分布在蒙古国和俄罗斯布里亚特地区。蒙古驼头轻小，额宽，面骨直，嘴尖，耳短而立，颈中等长，较宽，凹形较大，胸深而宽，肋骨拱圆，前肢直立，后肢多呈刀状，毛色多紫红或杏黄。蒙古驼的平均体尺见表 1-6。

表 1-6 蒙古驼的平均体尺 cm

性别	体高	体长	胸围	胸深	胸高	胸围指数	体长指数
公	175.2	153.2	210.7	87.2	88	120.3	87.3
母	168	146.9	198	83.4	84.6	117.9	87.8

蒙古驼主要供驮用，母驼驮重 180～200 kg，日行 35～50 km；年产毛量 3～8 kg，个别可达 10 kg，母驼挤奶期为 14～16 个月，日挤 2～3 次，日产奶 1～1.5 kg。公驼体重 655 kg 左右，母驼体重 622 kg 左右，屠宰率 54%左右。

二、单峰驼品种

单峰驼主要有非洲驼、印度驼、土库曼驼。

1. 非洲驼

非洲驼主要分布在非洲撒哈拉大沙漠南侧的苏丹、索马里和埃塞俄比亚联邦等国。非洲驼体形高大，四肢长，头轻小，颈细长，在前躯的肩胛后方，由于前几胸椎的棘突很发达，形成了很高的冠状突起，适合在这个部位备鞍。该驼体高 189 cm，胸围 193 cm，胸高 105 cm。

2. 印度驼

印度驼主要分布在印度共和国、巴基斯坦伊斯兰共和国和阿富汗伊斯兰共和国等国的干旱炎热地区。体型明显比非洲驼大。可分两种类型，一种是驮用型的“彭得沙白”，骨骼坚实，役用性能良好。另一种是乘用型的“比卡利尔”，体质细致紧凑，头小，眼睛敏锐，颈细长，四肢细长干燥，体躯轻细且短。

3. 土库曼驼

土库曼驼主要分布在土库曼斯坦和乌兹别克斯坦共和国，是一种善于驮运并适于乘骑的骆驼，主要在卡拉库姆沙漠地区繁殖。

土库曼驼体质细致紧凑，体躯短，四肢长，头轻小，颈细长，皮薄，血管暴露明显。土库曼驼比非洲驼骨骼坚实，肌肉发达，主要作驮用。成年驼体高190 cm，体长170 cm，胸围219 cm，管围24 cm，重780 kg。土库曼驼可驮重200 kg，日行30～35 km，乘骑日行60 km。母驼产后3个月挤奶，平均日产奶6～8 kg，个别可产奶15～20 kg，乳脂率4.6%～4.7%。绒毛较短，产毛量公驼3～3.5 kg，母驼2～2.5 kg；母驼4～5岁，公驼5～6岁开始配种。

任务二 骆驼的生物学特性

一、耐粗性

骆驼的口腔结构和消化机能比较特殊，所以对食物不苛求，比其他家畜更能耐粗饲料。荒漠和半荒漠草场上的植被，多属旱生和超旱生的灌木、半灌木，矮而稀疏，叶小多刺，木质化程度高，灰分含量大，水分少，气味浓烈。对一些其他家畜所不能利用或只能少量利用的植株，如骆驼刺、梭梭、白刺、珍珠、红砂等，骆驼均能大量采食。

豆科棘豆属中，有一种叫猫头刺的细小灌木，叶退化成硬刺，全株呈刺猬状，其他家畜不食，而骆驼却能采食。茎叶上密生有能使皮肤痛痒的螯毛的荨麻，骆驼也能采食，作为其冬春饲料。另外骆驼对粗纤维和木质素有较强的消化能力，对挥发性脂肪酸也有较高的吸收率。

二、耐饥饿性

骆驼耐饥饿能力较强，虽几天缺草断料，仍可照常使役。所谓耐饥饿性，就是对恶劣饲料条件的忍耐力，也可以把它看成是抗灾度荒的能力，其强弱除与放牧采食能力(耐粗性)有关外,还取决于脂肪沉积能力和代谢强度。

我国北方草原的产草量,四季极不平衡,荒漠的食物保证程度更差。骆驼为了适应这种变化,不得不在植物丰盛的夏秋季节大量采食,迅速增膘,沉积较多脂肪于两峰和腹腔内。若按 100 kg 脂肪,其热量相当于 250 kg 淀粉,或 750 kg 左右的中等饲料。换句话说,只要它能吸收 100 kg 脂肪,就等于把 750 kg 左右的中等饲料贮存在自己体内,以供食物缺乏时的营养需要。驼峰实际上是两座贮料备荒仓库。

骆驼安静时代谢水平较低,能有效地节约能量消耗。在静止状态下每小时消耗的热能仅为马的 62%。在沙漠中驮重 100 kg 走 1 km 所消耗的热能,只等于马的 1/3。

三、耐渴性

荒漠地区降水稀少,水源奇缺,而骆驼则由于机体组织结构和生理机能的特殊,三五日不喝水,仍可照常使役,即使缺水时间再长一点,也不会危及生命。它之所以如此耐渴,主要原因如下:

(1)能大量喝水,夏季一次可喝 50～80 L 水。

(2)能有效地贮存水。一是血液中有贮水能力很强的高浓缩蛋白质,二是红细胞对低渗溶液的抗力较大,三是有较厚的微血管壁可防止血液水分丧失。

(3)能节约用水,如按单位体重计算,骆驼在夏季耗水率,仅相当于驴的 1/3。

(4)可利用体内脂肪代谢水,一般 100 g 脂肪氧化能产生 107.1 mL 代谢水。

(5)对缺水的耐受性较强,失水量有时高达体重的 25%～30%也不会出现生命危险。当满足正常饮水后,又可逐渐恢复到原来的体重,而其他家畜失水如超过体重的 15%,就会出现生理障碍。

四、耐热性

荒漠多处在内陆盆地,日照强烈,沙子吸热性强,夏季中午的极端气温可达 47.8 ℃,地表温度通常可达 60～65 ℃。在赤道附近的撒哈拉沙漠,沙面温度高达 75 ℃以上。骆驼之所以能在这样环境里有较大的耐受性,主要原因如下:

(1)初夏一次性全身被毛脱换,然后慢慢长出新毛。

(2)卧地后,主要靠肘端、胸底和后膝等五处的角质垫着地,其他部位均与地面保持一定距离。

(3)头颈高抬,后腹上卷,母驼乳房紧贴腹下,公驼睾丸位于两股后方,包皮口折转向后,所有这些都可看成是对高温环境的一种特殊适应。

(4)体温调节较特殊,中午炎热时,体温常有升高现象,可在平均体温(37 ℃)上下浮动 2～3 ℃,也可使气温与体温的差异减小,从而使外界的高气温辐射到身体的热量减少。积蓄在体内过多的热,到晚间才慢慢散发。

五、耐寒性

荒漠地区的温度变化较大,冬春更是风大且寒流频繁,很多驼群还缺棚少圈。在这样的条件下,骆驼只要能保持一定膘度,则可完全平安过冬。骆驼之所以如此耐寒,主要因为:

(1)两峰和腹腔内贮积有较多的脂肪,随时可以补充热量需要。

(2)全身被毛发达,绒层厚密,保温能力强。

(3)肘、嗉毛长,尤其前肢肘关节和后肢膝关节在卧地时两关节不致受寒冷侵袭。

(4)有自我调节行为,当大风降温时,它总是后躯对着避风物卧下,尾夹于两股之间,四蹄贴腹,以减小散热面积,同时角质垫也能很好的起到防止热传导的作用。

六、厌湿性

骆驼喜干厌湿,对寒冷和炎热都能较好度过,但必须有干燥的环境。对潮湿敏感,在湿度大且炎热的地带放养,易引起瘦弱和发病增多。春季如果在潮湿地带卧息过久,容易患风湿病。新疆巴音布鲁克草原雨量充足,草资源良好,但骆驼很少,其原因主要是该地区空气湿度大,盐生性植物少,不利于骆驼生活。

七、嗜盐性

骆驼对盐分的需要明显高于其他家畜。例如骆驼喜欢吃优若藜、梭梭、珍珠等灰分含量很高的藜科植物，这些植物对它的生长发育和生产性能大有好处。相反，如果常在盐生性草缺乏的地方放牧，就必须补盐。对那些冬季长途驮运的骆驼应在 3～5 d 内补盐 1 次，否则会因口淡而降低食欲，体弱多病。

荒漠地区的水源，总矿化度一般都较高。家畜对咸水（总矿化度 3～10 g/L）多不愿饮用，而骆驼则嗜饮咸水。骆驼嗅觉灵敏，对 1～20 km 以外盐池或碱滩，只要顺风，它都能嗅到气味，会长途奔跑就饮。

任务三　骆驼的体质外貌

一、骆驼的体质类型

1. 体质的分类

骆驼在个体发育过程中，受遗传和环境条件的影响，形成的质和量的总体表现，即是骆驼的体质。骆驼的体质是驼体结构和机能的全部表征状态，是骆驼鉴定不可缺少的组成部分。

骆驼的体质和其他家畜相比，较为单纯。因它所处的生活环境比较艰苦，饲养管理又较粗放，自然选择对它的作用和影响较大，有时甚至是决定性因素。同时，骆驼是综合生产性能的畜种，专门化程度远不如其他种类家畜，这也是它体质类型较单纯的原因之一。因此，骆驼的体质是以紧凑（结实）为基础的偏粗或偏细的混合类型。

按照驼体的结构、内部器官发育的差异和体格的特点，骆驼体质可分以下三种：

（1）粗糙紧凑型　体格高大，外形粗壮，头粗重，鼻梁隆起，嘴粗圆；颈粗壮有力；前躯发育良好，胸深而宽，四肢粗壮有力，蹄大而厚；骨骼粗重，肌肉发达，皮厚，绒毛较粗，粗毛比例较高，保护毛粗而发达；泌乳量较低，驮载量大，速力低，但持久性强。

（2）细致紧凑型　外形轮廓明显，皮下结缔组织不发达。骨骼细而坚固，肌肉坚实有力，皮薄而弹性良好，性情活泼；头小清秀，颜面部血管暴露清晰，嘴尖而细，颈细长。胸深宽度适中，四肢细长，其上筋腱血管清晰可见；被毛纤维柔软，绒层厚密，保护毛细而不发达；泌乳量较高，驮载量与持久力较差，但速度较快。

(3)结实型　体格粗壮，轮廓清晰，结构匀称，肌肉发达，性情灵活温顺。头大小适中，眼大有神，颈长而粗，坚强有力；前胸宽深，腹大而圆，腹壁坚实，弹性良好，尻部宽长，四肢粗壮，长短适中，关节强大，肢势正确；皮肤致密富有弹性，绒层厚密，绒毛比例较高，保护毛适中，泌乳量较高，驮载量与持久力均好。

必须指出的是，过度粗糙和过度细致的体质，在生产上均属不利，特别是过度细致的骆驼，往往表现为骨细皮薄，体躯单薄，头狭长，胸窄，颈细肢长，毛细而短，体弱易病，适应性差，生产力不高。体质过度粗糙的骆驼，虽然健壮，但生产力不高。所以，有过度发育特征的骆驼，都不能留作种用。

二、骆驼的外貌

骆驼的外形称之为外貌。按其外貌可以鉴定骆驼品质的优劣、生产性能的高低、健康状况和对生活条件的适应能力，还可从外貌区别骆驼品种特性和生产用途。不断地对骆驼进行外貌观察，熟悉骆驼的各方面情况，是合理放牧、管理及使役的重要参考。但单凭外貌还不够全面，必须注意其能力表现和体质状况，同时还应了解它所处的具体生活环境。由于骆驼的外貌特征和体质特性是在特定的自然条件下，对某种生产用途适应的结果。因此，在选择骆驼时，必须坚持形态与机能统一，把外貌鉴定看成是对骆驼体量方面变化的依据，把体质鉴定看作对骆驼体质方面变化的依据，只有把这两方面结合起来进行选择，才能做好选种工作，达到提高与改良骆驼品种的目的。

1. 驼体各部位的名称

在鉴定骆驼的外貌时，必须先了解驼体各部位的名称及位置，才能根据各个部位发育情况来评定其优劣，并观察各部位间的比例，以判断驼体各部位结构上的协调性和强壮程度。

驼体各部位是以解剖学的结构为基础的，各部位名称如图 1-1 和图 1-2 所示。

1. 头　2. 颈　3. 躯干　4. 前肢　5. 后肢

图 1-1　驼体区分

（引自：宁夏农学院，内蒙古农牧学院．养驼学．北京：中国农业出版社，1983.）

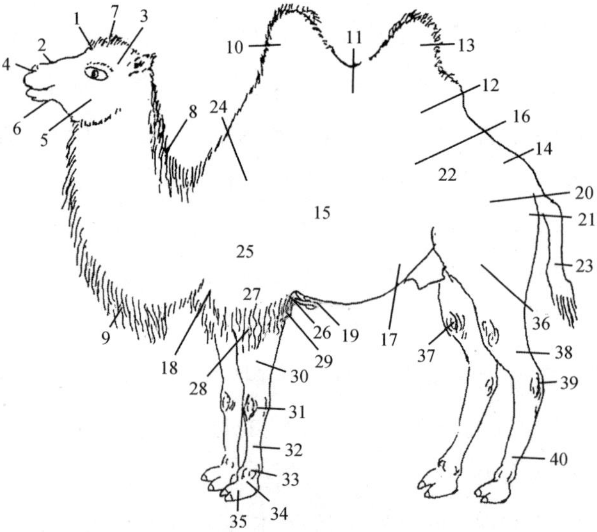

1. 额　2. 鼻梁　3. 眼盂　4. 鼻　5. 颊　6. 下颌及颌凹　7. 鬃毛　8. 鬣毛　9. 嗉毛(髯毛)　10. 前峰　11. 背　12. 腰　13. 后峰　14. 尻　15. 肋　16. 肷　17. 腹　18. 前胸　19. 胸角质垫　20. 臀　21. 臀端　22. 腰角　23. 尾及尾根　24. 肩　25. 肩端　26. 腋间　27. 上膊　28. 肘毛(前膊毛)　29. 肘角质垫　30. 前膊　31. 前膝角质垫　32. 前管　33. 球节　34. 系　35. 蹄盘　36. 股　37. 后膝　38. 胫　39. 飞节　40. 后管

图 1-2　驼体各部名称

（引自：宁夏农学院，内蒙古农牧学院．养驼学．北京：中国农业出版社，1983.）

2. 驼体各部位的结构及鉴定

骆驼的外貌结构有别于其他家畜。其特点是：躯短肢长，体形呈典型的高方型。颈长呈“乙”字形弯曲，头颈高昂过体，前躯大后躯小，背短腰长，其上附有两个圆锥形的脂峰，尻短而斜，腹部向后上方收缩，在肘、腕、胸底和后膝处，附有7个角质垫。偶蹄胼足，以指(趾)着地，成软蹄盘。

驼体各部位的结构及其外貌状态与骆驼的用途及生产性能有着密切的关系，因而成为鉴定工作中的重要部分。

驼体的头、颈、躯干、四肢4个部分的结构和要求分述如下：

(1)头部　头部为中枢神经系统所在的部位，能协调有机体其他系统，以及视、听、嗅、触等器官的工作。呼吸和消化器官是自头部开始的。新陈代谢的强度和骆驼的工作能力都取决于这些器官的工作。

骆驼头形颇似楔形，头位水平，高昂过体，中等大小，鼻梁稍隆起，与额交接处微凹，额部宽广，眼眶显著向外突出，头后有十分突出的枕骨脊。额顶所生鬃毛长达10～15 cm。颈部宽广，颌凹宽度适中。

头部可以表现出骆驼的品种特征。悍威的强弱，对体质类型以及使役能力的判断，都有直接的影响。一般须与躯干各部保持协调，大小适中，头过大则表示性情迟钝，前肢负重大，妨碍前肢运动，影响前进速力，并易疲劳。头过小则表示骨量和力量不足。颌凹宽度适当，额部宽广隆起。头部轮廓明显，头颈界线清楚，即耳下和颌后应适当地宽广和凹陷，则头颈结合较好，头的运动轻快，骆驼的颌凹和咽喉部，应宽广干净，无松弛臃肿状态，则呼吸道和食道不致因运动而受到阻碍。

头部各部位的鉴定如下：

①耳：耳小呈椭圆形，向后向外伸出。要求薄厚适中，灵活自如，则听觉锐敏，悍威良好。耳厚肥大，两耳不动和耳动缓慢的，大多性情迟钝或有耳聋的缺点，听觉也不灵敏；若耳不断活动，且其方向不定时，可能有目盲之虞。

②额：应宽广平坦，或略微隆起，是脑神经发育良好的象征。

③眼：大而有神，眼眶外突，瞳孔明亮，睫毛长而密。表示骆驼视力良好，健康活泼，精力充沛，夜行不易闪伤。

④鼻：鼻梁稍隆，适度宽广，表示鼻腔大，有利于呼吸。鼻孔应大，平静时鼻孔关闭呈细缝，运动时启闭自如。

⑤颌凹：俗称槽口，位于两个下颌缘之间，以宽深皮薄而无损伤者为佳。颌广则头颈活动自由，屈伸灵活。

⑥口：以宽大钝圆为良，不宜过尖，口角要深，下颌强大，唇裂整齐，唇薄软致密，灵活自如，不仅善辨食物，且采食灵活，素有“眼大有力，口方肯吃”的说法。

(2)颈部　以 7 个颈椎为基础，后 6 个颈椎体特别发达，故驼颈较其他家畜长，一般为体长的 2/3，属长颈类型动物。其颈外形为两侧扁平，上薄下厚，前窄后宽，颈沟短而不明显，颈础低。项韧带特别发达，由它维持头颈的正常位置，使颈肌不致过分用力而疲劳。由于驼颈的每一椎体较其他家畜长，且连接枕骨的前关节窝较马的深，再加上前椎头较平，后椎窝较浅，椎间软骨盘极强韧，故驼颈非常灵活。颈上缘的鬣毛长 20～30 cm，下缘的嗉毛长 30～40 cm。

颈在骆驼运动中，主要起调节身体重心的作用，一般要求粗壮而长，坚强有力，头颈结合处略细，肌肉发达有力，这样的颈代表体质结实，力大持久。颈肩结合良好，颈弯曲正常呈“乙”字形，屈伸自如，则前肢负重较轻，运动较快，重心转移良好。颈若过细则是体弱的表现，过短则步幅短缩，重心转移不便。颈部皮肤柔软，弹性良好，长毛和绒毛要求长而细密。

(3)躯干部　由背、腰、胸、腹、尻、尾等构成，其各部鉴定如下：

①鬐甲：位于前峰之下，肩之上，以胸椎棘突为基础。它是项韧带的附着点，起着支持头部的作用。在跳跃的时候，鬐甲可缓冲来自前肢的震动。因此要求其与有关部位结合良好，以保证前肢自由运动。鬐甲高长者，肩胛骨必有良好的倾斜，能形成短背，负力好，步幅广大，骑乘、驮载都很适宜。

②前胸：位于颈的后下缘，两侧连在两肩的下方，与肩在同一平面，接两侧连于腋间，下方是前部胸骨。前胸与速力及持久力有关，前胸隆起而且宽阔者，其肺脏发达，力气强大。一般乘驼要求胸深而宽度适中，驮驼则须深广兼备。

③胸廓：即体躯的前部，前面以颈础和胸，后面以横膈膜，侧面以肋，上面以背椎，下面以胸骨为界。胸骨短，胸底有宽而平的桃形角质垫(15 cm×20 cm)，内充弹性纤维及软骨组织。骆驼仅 12 对肋骨，肋间距小，所以胸廓长度不足，只能用宽度和深度来弥补。胸廓容量大，则肺活量大，心脏机能强，运动能力高，持久力强，所以应要求胸廓宽大，并有足够的深度和长度。肋骨长而开张良好，则胸廓较长较深，容量较大。胸骨要求粗大，角质垫强厚，以利于跪伏时支

撑体躯，承受体重。

④背：驼背是以第8～12胸椎棘突为基础，位于腰椎之前，第7胸椎棘突之后，即前后峰基之间，牧民称之为“梁”。因棘突高耸，所以骆驼的背，一般高耸狭窄，呈刀背状，两侧全靠肌肉填充。背是负担重量及将后肢推进力向前传导的主要部分，所以背的结构好坏，关系到骆驼使役能力的大小。理想的背部，应该是短广平直，肌肉发达丰满，与腰部结合良好。斜背骆驼常常走鞍，不适于骑乘。

⑤腰：位于背和尻之间。由7个腰椎组成，椎体长而厚，后峰即在此处附着。腰的长短与肷的长短成正比，宽度则取决于腰椎横突的大小(骆驼的横突，由前向后逐渐增长，棘突相反)。腰以短广平直，与背及尻结合良好，肌肉发达者为佳。腰坚固，力必大，适合骑乘、驮载；长腰、细腰，大多属体质衰弱，负力必小。

⑥肷：位于第12对肋骨的后方，腰角的前下方。肷小则腰必短，而胸廓必长，负力必强。肷大而凹陷深者，多为疾病或营养不良的表现，或是长腰，均为缺点。

⑦腹：腹部是从胸部角质垫开始到鼠蹊部，形成明显向后上方收缩的卷腹，在饱食和饮水后向左右突出，对骆驼来说，这并非缺点。要求腹大而圆，适度地卷缩，腹壁紧实，弹性良好。这样采食量大，消化力强。腹不下垂，对骆驼的起卧、运步极为有利。

⑧尻：短而斜近方形，骨盆轴线均较牛马短，肠骨内角覆于荐椎之上，形成明显的弓形突起，两坐骨上脊相距较宽，后躯与其他家畜相比较小。此部位着生的绒毛短而密，绒毛的比例较高，覆盖面积不足。尻部要求宽大，适当倾斜，肌肉发达，运步时推进有力，持久力也强。臀端要求隆起呈圆形，两后腿之间稍狭，肌肉丰满，则为优良后躯。

⑨尾：尾由15～20个尾椎所形成的尾干及尾毛构成。尾长40～50 cm，主要用来驱逐蚊蝇，对驼体后躯起保护作用。要求尾长而灵活，尾毛长密，尾础略高，为有悍威之表现；尾力强，为有体力和健康的表现。

⑩驼峰：骆驼有前后两峰，位于鬐甲之上的叫作前峰，位于腰椎之上的叫作后峰，一般前峰高而窄，后峰矮而宽，峰顶生有15～20 cm长的峰毛。峰内充满脂肪时直立充实，高达35～45 cm，峰间距30～40 cm。消瘦时就像一个空袋子

悬挂在驼背上。骆驼个体之间，两峰的形状、大小和竖倒情况差别很大。按两峰体积的大小，可分为大、中、小三型。小峰驼虽满膘也达不到大峰驼的程度。按两峰竖倒情况，可分为两峰均直、倒向同侧、倒向异侧和后立前倒 4 种类型。这种竖倒情况绝不是偶然，而是年年如此，这与其内部的结缔组织结构有关。也有个别驼，虽满膘也不能使其峰尖或峰腰再度挺直。按峰侧形状，可分为沙丘形、钟形、锯齿形和乳头形 4 种类型。从生产用途来看，以沙丘形峰储脂较多。此外，峰形也可作为识别骆驼的标志。

驼峰的功用与绵羊脂尾的功用相同，都是用来贮备脂肪，以便在营养缺乏时加以利用。通常每年秋冬两季驼峰高耸，春夏之间瘦倒偏垂。但若饲养得当，营养充足，也可使它终年不倒。所以驼峰是鉴定骆驼营养状况的主要指标。

⑪生殖器

公驼生殖器：睾丸呈蚕豆形，位于肛门下方的两股之间，不下垂，似“猪睾丸”。阴茎长 50～60 cm，末端较细。包皮呈三角形，扁平垂挂，末端折转向后，排尿时间断地向后射出。骟驼包皮较公驼松弛下垂。

对种公驼应特别注意睾丸的发育状况，睾丸要大小适中，左右均匀。阴囊皮肤要柔软，富有弹性。隐睾多无生殖力，单睾虽有生殖能力，但繁殖力很低，且性情多不温顺，故不宜作种驼用。必须注意：六月龄驼羔的睾丸，有的尚未降入阴囊内，切勿误认为是隐睾。

母驼生殖器：阴户较小，长 4.5～6.5 cm，前庭短，阴蒂小。阴户要求紧闭，皱襞要柔软致密无损征。

母驼乳房不大，呈四方形，内富腺体组织，位于鼠蹊部和大腿内侧三角区。乳头小而排列整齐，泌乳期前两乳头长 3～4 cm，后两乳头长 2～3 cm，干乳期长度各缩小一半。乳腺应充分发达，以手触之，感觉各部柔软而无硬节状存在。孕驼可从乳房大小，察知其是否临产。

(4)四肢　骆驼的四肢，直接关系其役用能力的大小，应干燥而筋腱明显，骨骼坚定有力，关节强大，前肢直立，后肢弯曲；如果四肢结构不良，方向和肢势不正，肌腱不发达，蹄的大小形状不正常，蹄掌不强韧，都会影响劳役，降低役用价值。

①前肢：由肩胛、上膊、前膊、前膝、管、系及蹄盘组成。前肢直立如柱，上膊部密生有长 25～30 cm 的肘毛。肘端与前膝部附有 5～7 cm 大的角质垫。腕

关节大而明显，球节不大，系部直立，由两块分开的指骨构成，因而从系的前后都可见有深的凹陷。

前肢主要以支撑骆驼体重为主。以肩胛韧带和肌肉连接于躯干上，能使地面反作用力不达于脏器，其各部要求如下：

肩和肩端：肩以肩胛骨为基础。其前方突出部和肱骨所成关节，即为肩端。优良的肩应是长广而适度倾斜。肩长宽广者，肌肉的附着面广，肌肉也强大，故骆驼的力量大，肩长其斜度大更为有利。此种长而斜的肩，当骆驼行走时，步幅大，呈现出较大的速力，骑乘时背的反作用力小，故为乘驼必备条件。肩短且多竣立，则步幅小，速力差，背的反作用力大，骑乘时颠簸较大。肩端应圆大，端正向前，与前胸在同一水平，左右等高，保持适当的宽度，不可前出或后退，肩关节角度小，则步幅大。

上膊：以肱骨为基础。上膊短，则前肢向前伸出的步大，所以要求上膊骨以短者为好。倾斜角度越接近水平方向者，则步幅越大。

肘：由尺骨头形成，该部粗壮而长，并充分向后方突出。肘头应圆大突出，角质垫坚韧而富有弹性者为佳。突出大则肘肌的附着面大，肌量多而力量强。肘突的方向应和体轴平行，不可内转或外转。内转过于靠近胸壁者，则形成“研肘”；常伴有外向肢势，外转过于离开胸壁者，常伴有内向肢势，皆属不利状态。

前膊：以桡骨和尺骨为基础。以长粗而肌肉发达、方向垂直者为佳。长的前膊保证管部向前，提举良好，步幅大。粗则该部肌肉发达。一般是上部粗壮，肌肉发达结实，下部渐细。位置应与地面垂直，否则为肢势不正的表现。

前膝：由 7 块腕骨组成，前膝对前肢接触地面时产生的冲击力有缓冲作用。其形状应当关节强大，宽厚干燥，轮廓明显，方向正直，与前膊和管成一直线者，则肢强有力，运步确实。弯膝、凹膝等各种畸形膝，都会使肢势不正，负担不平衡，步样不确实，骑乘驮载均不适宜。

管和腱：前肢的管和腱位于前膝与球节之间；后肢的管和腱位于飞节至球节之间，由管骨（掌骨）和屈伸两种腱组成。不论何种役用的骆驼，其前管应比前膊短 1/3，后管比前管长 1/4 为佳。膊长管短，举肢低，步幅可以伸长；膊短管长，前肢高举，则步幅必然缩短。不论从管的哪一方面观察，都以宽广者为佳，宽则表示驼体骨骼发达良好。同时，管部还要求与前膝和前膊部成垂直线，如不直，则有可能发生各种不正肢势。管的外形轮廓要清楚，皮薄毛细，后管与飞节构成适当的弯曲角度，管与腱要有明显的分界线。管部的发达程度，通常以管围表示。管围的大小，取决于管骨的粗细、腱的发育状况和腱与管骨相离开的程度。不论对何种用途的骆驼，都以管围大者为优良。由管围可以推断骆驼骨骼发达的程度。

球节：骆驼的球节由四枚籽骨组成，位于管和系之间，隆起呈球形。为了保证骆驼四肢必要的坚固性，球节应宽而厚，方向正确，左右对称。宽广的球节可以减少腱的紧张，保证骆驼有高度工作能力。反之，球节弱小，则缺乏力量，向前突出，则支撑力弱，弹性不大，均不合要求。

系：以第一指骨（系骨）为基础。骆驼的系较短，倾斜度不大，故前系竣立；后系较前系稍长，倾斜度较大。骆驼系的功能，比马、牛的系要多一种作用，它不仅要缓冲地面的反作用力，还要使蹄和管成直角，便于进行跪伏，所以系的作用对骆驼来说非常重要。前系要求长而广厚，富有弹性，其长度为前管的 1/3，后系稍竣立，其长度为后管的 1/3。

蹄盘：由富有弹性的角质物构成。前蹄盘较大而厚，近圆形，蹄围 60～80 cm，蹄掌厚 0.6～0.9 cm。后蹄较前蹄小而薄，呈卵圆形。蹄分两趾，中为蹄缝，每蹄有两个弹性蹄枕，位于末二指节骨的下面，当体重压在蹄部时，蹄枕即向周围扩张；举蹄时，借蹄枕的弹性作用，随即恢复原状。第三指（趾）骨的末端，即蹄盘的前缘，各有一个钩状的角质蹄甲。蹄盘的作用是支持体重，尽量减轻地面的反作用力。要求蹄大而圆，内外均匀，坚实，有一定厚度，结构良好。坚实而厚大的蹄，说明骆驼强壮有力，行动方便，可得到较多的缓冲作用；薄而松大的蹄，则表明体质细弱，负重力差，震动大而易疲劳。蹄甲应光亮细致。

蹄掌：即底部的角质垫，在第二和第三指（趾）骨之下，是适于沙漠运动的机能组织。宜坚厚而有皱纹，软薄的易磨穿，致患掌心病，影响使役。

②后肢：由股、后膝、胫、飞节、后管、后系及后蹄组成。后肢与躯干，由股骨头和髋臼所成的关节互相连接，故活动自如。从前后肢的作用上看，前肢对骆驼的躯体起支撑作用，而后肢则以推进为主，负重为从，其各部要求如下：

股：以股骨为基础，位于尻下和后膝之间，该部状况的好坏关系后肢运动能力的强弱。股长则其附着的肌肉长，伸缩力大，步幅大，速度快，所以对股部应要求长而广，有适度的倾斜，肌肉十分发达。短股虽然速力较差，如有强大的肌肉附着，则其支持力必大，适于驮役。

后膝：是膝盖骨、股骨和胫骨所形成的关节。应正直向前，并稍向外伸出，否则妨碍股的运动，使后肢垂直不正，甚至擦伤腹壁。角质垫要坚实，且富有弹性。

胫：以胫骨为基础，位于后膝和飞节之间。骆驼胫骨细长，上部有较多肌肉，故形状粗大；下部多为肌肉末端的腱，故体积变细。胫部要求长、宽和适度的倾斜。胫长则步幅大，胫长附着的肌肉亦长，伸缩力大。运步迅速，若胫短而倾斜小，步幅则小，速力必慢。胫短而肌肉强大，速力虽差，但体力却大，可用作驮挽。

飞节：以跗骨为基础。是管与胫之间的关节，其后方跟骨端叫飞端。骆驼的飞节由于距骨滑车的沟与嵴稍向后外方倾斜，致使骆驼在卧下时，管部可位于小腿内侧。飞节对于后肢的推进力起一定的作用，良好的飞节，应当干燥清晰，跟骨向后方突出，两飞节端正与体轴平行。两飞端保持适当距离。应表现出长、宽、厚而强大的状态。以使后肢有较好的推进力，飞节的角度须适当，通常以 150°～160°为宜。直飞节和曲飞节，对于速力和推进力均属不利。

③骆驼的肢势：

正肢势：骆驼的前肢和后肢，在正肢势时所表现的形态如图 1-3 所示。

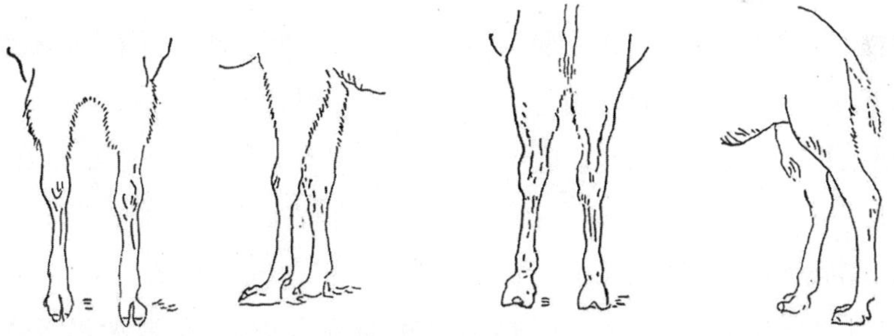

前肢前望正肢势　前肢侧望正肢势　后肢后望正肢势　后肢侧望正肢势

图 1-3　正肢势

（引自：宁夏农学院，内蒙古农牧学院．养驼学．北京：中国农业出版社，1983.）

前肢正肢势应是前望由肩端的中点向下引的垂直线，落于蹄盘前缘两蹄甲的中点。侧望由肘垫向地面所引的垂线，落于蹄盘后缘中点；而前后两点的连线，应平分蹄盘。

后肢正肢势应是侧望由后膝垫向地面的垂线，落于后蹄盘前缘两蹄甲的中点。后望由臀端向地面的垂线，应平分跗关节，落于后蹄盘后缘的中点；而前后两点的连线，应平分后蹄盘。

不正肢势：外弧是骆驼四肢的主要缺点。此种肢势的特点，即前肢在前膝部互相靠近，而下部又向左右开张，形成"X"状的肢势；也有前膊为内向，系为外向，而管垂直者，仍属外弧肢势。后肢外弧则是胫部斜向内侧，后管斜向外侧，两飞节靠近，如图 1-4 所示。

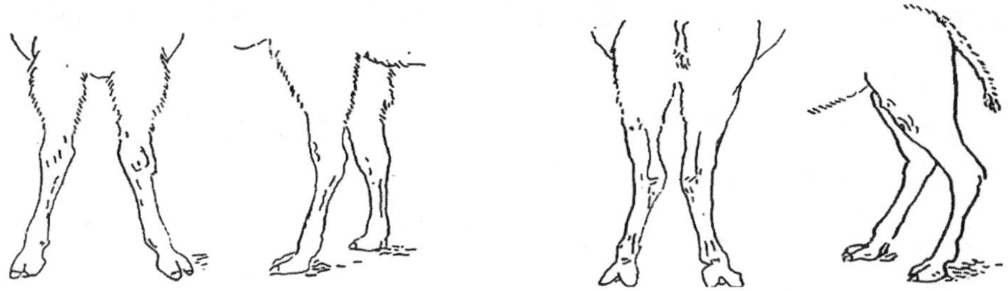

1、2. 前肢不正肢势　　3、4. 后肢不正肢势

图 1-4　不正肢势

（引自：宁夏农学院，内蒙古农牧学院．养驼学．北京：中国农业出版社，1983.）

存在这种缺点的骆驼，其前后肢动作的精确性会受到影响。经常表现颠踬，不能很好地支持身体等，直接影响役力的发挥。

某些后肢的刀状肢势，在骆驼可以算是正常姿势。但如果这种肢势表现非常明显(其角度小于 150°时)，以及两个飞节相距很近时，则为缺点。

在现实中判断骆驼四肢的缺点和疾病是很不容易的，但却是非常重要的。为了做到这一点，可从被检骆驼驮重物后的起卧情况和姿势来进行观察。四肢健康的骆驼卧下时，前肢腕关节轮流弯曲跪地，腕关节支持的同时，后肢的飞关节弯曲卧地，卧下的姿势平直。四肢有病的骆驼卧下时，前肢两腕关节很快同时跪地，发生很大的震动，然后逐渐小心地恢复到正常的卧下姿势，起立时的动作缓慢，并明显地表现出很困难的样子。

这些四肢的缺点是由于遗传、损伤或幼年时的营养不良以及错误的调教和使役造成的。

3. 不同性别、年龄与用途骆驼的外貌特征

(1)骆驼的两性异形　在外形上，同一个种或同一个品种的雌性和雄性个

体之间有极大的差别，这个区别表现在第二性征出现以后。一般公驼的体格都较母驼魁伟，骨骼较为发达。公驼头短而宽，皮厚毛粗。母驼头狭长轻小，皮薄毛细。公驼的颈较母驼粗壮，鬃毛、鬣毛、嗉毛和肘毛均较母驼粗长厚密。母驼在怀孕后期，由于生理的变化，嗉毛会变得和公驼一样长。公驼的犬齿与前躯较母驼发达，前胸宽深，肌肉发达有力。

在体质方面，公驼多属粗糙结实型；母驼性情温驯，公驼平时与母驼无异，只是在配种季节，由于性激素的刺激，表现出性情凶猛。

(2)不同年龄骆驼的外貌特征　骆驼在其一生中所处的生长发育阶段不同，所表现在外形上也各有差异，现将不同年龄骆驼的外形特点分述如下：

①驼羔(幼龄骆驼)：出生后至 2 岁时为驼羔。驼羔躯体短小，四肢较长，荐部高，胸浅而窄。额丰圆而突出，头颈高昂，峰小而直立，皮薄富有弹性，毛色多棕褐色，长毛较短、粗。5 月龄前后时胸底、肘端、前膝和后膝等处毛已被磨光，皮肤增厚但尚未完全角质化。性情活泼好动，喜与人接近。

②青年驼(育成驼)：指 3～5 岁的骆驼。因其生长发育尚未完全，还保持体短肢长的特点，两性差异小。嘴巴细尖，眼盂丰满，因不使役，膘情良好，两峰直立，所产绒毛细而柔软，但性情较粗野，不易接近。

③成年驼(壮龄驼)：指 6～19 岁的骆驼，由于生长发育完成，体格高大，骨骼粗壮，肌肉丰满发达，皮厚而弹性良好，绒毛厚密。精力充沛，性情温驯。

④老年驼(老龄骆驼)：20 岁以上者为老年驼。头粗重，眼盂凹陷成深窝，下唇无力而下垂，闭合不全。皮肤松弛，弹性减弱，被毛色浅而短稀，肌肉欠丰满。眼内出现白斑，颜面部出现白毛，性情安静。

(3)不同用途骆驼的外貌特征　根据骆驼的主要役用种类，可分为驮驼、乘驼及挽驼三大类，其体型表现的大致情况如下：

①驮驼：驮驼用于驮载，首先要求它具有较大的负重能力和持久力。从体型上看，驮驼四肢短粗，体幅大，骨骼粗壮结实，肌肉发达坚实，皮厚毛粗，头大，眼明亮。驼峰发育良好，背厚而平直，腰广平，长短适中，胸部宽深，蹄大厚实，弹性良好，步样确实，具有粗糙紧凑型的体质。

②乘驼：乘驼一般头较小轻秀，眼大有神，额宽平广，鼻梁稍高。头颈结合较好，颈显细长，强壮有力，项部长广，颈肩结合良好。驼峰发育良好，肥大，坚实，峰间距宽度适中。背腰短广平直，强壮有力。尻部长宽相称，倾斜适度，肌

肉充实。胸部宽深，肋骨开张良好。四肢高长，干燥而筋腱明显。全身肌肉发达坚实，皮薄而弹性良好，被毛柔软细密，保护毛不发达。全身结构紧凑，腹部紧实。蹄小，步伐轻快。精力旺盛，富有悍威。

③挽驼：挽驼头宜稍大，颈短而粗，背腰短广有力。尻斜而发育良好。胸部宽深。四肢短粗，全身肌肉发达，关节筋腱强大有力，骨骼粗重，蹄大，步态稳健。皮厚，保护毛粗而发达，被毛较粗。

4. 骆驼的被毛种类和毛色

(1)骆驼的被毛种类　根据功用及形态，可以分成 4 种毛，如图 1-5 所示。

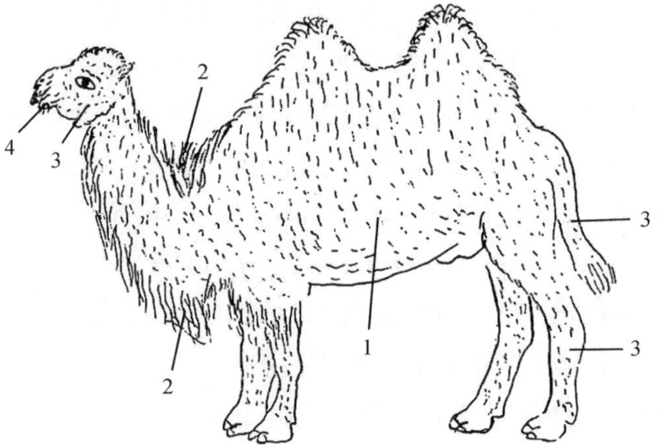

1. 被毛　2. 保护毛　3. 覆盖毛　4. 触毛

图 1-5　骆驼毛的种类

（引自：宁夏农学院，内蒙古农牧学院．养驼学．北京：中国农业出版社，1983.）

①被毛：着生于驼体表面的短毛。骆驼的被毛由细短厚密的绒毛和粗长稀疏的粗毛组成。双峰驼的绒毛长而厚密，所以耐寒。

②覆盖毛：着生在面部、耳部、膝关节下部以及尾干的短毛。

③保护毛：生长在驼体局部的长粗毛。例如，颈上缘的鬣毛，颈下缘的嗉毛，额顶上的鬃毛，前膊部的肘毛，尾部的尾毛以及两峰顶部的峰顶毛。这些长毛主要起保护作用，故叫保护毛。骆驼的保护毛十分发达。

④触毛：生长在骆驼嘴唇、眼睛周围的长而粗硬的毛叫触毛。毛根部知觉神经末梢发达，毛的触觉敏锐。

(2)骆驼的毛色　骆驼毛色比较单纯，长毛一般颜色较深，被毛颜色较浅，均属单毛色，即全身长短毛都呈现一种颜色。因被毛颜色深浅不同，可分为黄色、杏黄色、紫红色、白色、褐色、黑褐色等几种。

毛色深浅与骆驼所处的生态条件有关。一般生活在山区、干旱草原、戈壁的骆驼，毛色较深；生活在沙漠地区的骆驼毛色较浅。据对 220 峰新疆驼毛色的统计，其中黄色占 52.73%，褐色占 24.09%，紫红色占 9.59%，白色占 7.27%，棕色占 4.09%，其他（灰色、黑色、青色）占 2.27%。毛色的深浅与驼毛的经济价值有关。所以在选择骆驼时，应注意选择被毛颜色较浅的留作种用。

初生驼羔，棕、褐毛色者较多，随着年龄的增长，胎毛逐渐脱换成固定毛色。

5. 骆驼的起卧和步法

（1）骆驼的起卧　马、驴、骡在休息时，两前肢全负重，后肢则一侧负重，另一肢稍微弯曲，仅以蹄尖着地，并交替休息。而骆驼则一定要卧下休息。骆驼卧下后，除休息和反刍外，还可进行驮、卸、骑、收毛和清扫等工作。

骆驼卧地时，头颈向前伸展使重心前移，前肢腕关节弯曲着地成跪姿（疲劳时往往前膝直接着地），后肢伸于腹下，后膝缓缓接触地面，接着抬起头颈向后，重心后移，两前膝向前移动，两后膝随着向后拖。然后伸展体躯平稳卧地，头颈恢复正常姿势。正常卧地姿势有 3 种：一是坐卧，表现为头颈高抬，四肢蜷曲于腹下，前蹄盘向上，后蹄盘向下，这是休息和反刍时的正常卧姿。二是伸颈卧，当疲劳或睡眠时，骆驼头颈伸直贴于地面，这样能减轻负重使其更好地休息。三是侧卧，即骆驼一侧体躯躺于地面，四肢头颈伸展贴地。侧卧的骆驼起立时，必须先恢复正常坐卧姿势，然后才能站立起来。

当起立时，头颈向前使重心前移，后肢先撑地直立，然后头颈向后使重心后移，前肢腕关节伸展，完成起立。骆驼起来的快慢，取决于其体重和负重的大小，一般起立快于卧下。骆驼的起卧姿势见图 1-6。

骆驼站立时，有保护自己和防止蚊蝇等侵袭的能力。它可以回头用嘴唇赶走峰顶、体侧及后肢下部的蚊蝇，当蚊蝇出现在前肢和胸部时，它会将两前肢跪下，然后用后肢驱赶，尾巴可灵活地左右摆动，驱赶后躯的蚊蝇。

骆驼不像单蹄动物那样，能将两后肢同时离地悬起蹴踢，而和牛一样，使用两后肢中的一个做半圆形的弹拨动作。也能利用两前肢中的一个提举扒人。所以，在日常接触和使役骆驼时，必须温和谨慎地对待，防止和纠正骆驼对人的突然袭击，使之温顺便于使用。

图 1-6　骆驼的起卧姿势

（引自：宁夏农学院，内蒙古农牧学院．养驼学．北京：中国农业出版社，1983.）

(2)骆驼的步法　骆驼在行进时所表现出来的各种运步的方法，叫作步法。骆驼的步法有慢步、侧对步、侧对快步、袭步、跳越 5 种，具体如下：

①慢步：又称常步。其速度最慢，是骆驼在采食和单独行动时所采用的步法。其特点是四肢逐次离地，并依离地的顺序逐次着地。通常为左(右)前、右(左)后、右(左)前、左(右)后，有四个蹄音。慢步常以三肢着地或两肢着地进行运动。因此，重心变动稳定，易保持身体平衡，四肢的疲劳亦较少。有利于肌肉的锻炼及疲劳的恢复。

②侧对步：骆驼生来侧对步，是骆驼躯短肢长的必然结果。骆驼在采用这种步法时，侧动力略大而颠动力则小，重心会左右摇动。缺乏地面的反作用力，骑乘的人感到舒适不颠动，是一种常用的步法，适于长途跋涉。其特点是骆驼同侧的前后肢同时起落，行进中有两个蹄音。

③侧对快步：侧对快步是在急行时，一侧前后肢着地时，另一侧随即举扬，有极短时间四肢均着地。因此，一整步可闻两个蹄音。其特点是步伐变换较快，步幅较大。

④袭步：骆驼疾驰的时候，头颈伸长上下活动，以保持身体平衡。缩短体躯，两后肢用力蹬地，两前肢同时离地，伸展体躯向前跃进，两前肢分别落地后，

两后肢紧接着分别落地。但因两后肢和两前肢动作较快,所以犹如两个蹄音。骆驼袭步持续时间很短,而且又不常见,仅在撒欢和惊群后的个别骆驼有此步法。

⑤跳越:跳越是骆驼在超越障碍时运用的步法,即驼体向前方做飞跃的运动。这种步法是在跑步的基础上袭步运行的。其动作分为:准备、跳跃、腾空和着地 4 个阶段。第一阶段,提举前肢,腾起体躯,使肢部的运动加高加远;第二阶段,用后肢飞节强屈猛推,借躯体的支点,使驼体向前方挺出;第三阶段,急伸其后肢,腾空超越;第四阶段,两前肢同时先行着地,后肢随即着地并向前推进。

一般乘驼能跨越 1～1.5 m 高的障碍,能跳过 3～4 m 宽的壕沟。

三、体质、外貌与生产性能的关系

骆驼是综合生产性能的畜种。它的外貌和体质是与生产性能密切相关的。不同生产倾向的骆驼具有不同倾向的体质。例如,绒毛产量较高,役用性能较好的骆驼,一般具有致密而弹性良好的皮肤,骨骼坚实,肌肉发育良好,体躯结构匀称,多为结实体质类型。使役性能良好的骆驼,一般具有粗糙紧凑类型的体质,厚的皮肤,发达的肌肉,粗大而结实的骨骼,颈粗有力,四肢粗壮。这均能够说明,一定的生产性能,与其外貌、内部结构及生理机能,是彼此互相联系、互相制约的。如果某些器官由于它们的强烈活动而更发达,必然会引起另一些组织器官的相关功能减退。因此,在今后选择骆驼的时候,既要考虑它的外貌和生产性能,同时还要注意它的体质和健康状况,不论任何品种和任何生产用途的骆驼,只有健康的体格,才可能具有高的生产性能和优良的后代。

另外还应当注意:体质是可以变化的,在不同的饲养管理条件下,特别是通过培育和锻炼,对骆驼的外貌和内部结构均有巨大的影响,会引起其体质的改变。因此,在以上体质类型的骆驼中,可以找到生产性能高的,也可以找到生产性能低的,不要认为骆驼体质和生产性能的关系是固定不变的。骆驼体质的强弱,对适应力有直接影响,体质弱的骆驼,经不起自然环境的变化,易感染疾病,身体瘦弱,繁殖力低。体质强的骆驼其生产性能和对外界环境条件的适应能力也较强。因此,体质常为骆驼健康及结实性的指标,反之,健康与否,亦可以说明骆驼的体质强弱，生产性能的优劣。因此，鉴定骆驼时，应当重视体质的鉴定。

任务四　骆驼的年龄鉴定

骆驼的年龄俗称“口齿”。骆驼不论作种用或役用，其生产力的大小和年龄的关系均较大。骆驼的寿命一般可达 30 岁以上，专作繁殖用的骆驼因饲养管理较好，工作较轻，故较役用骆驼寿命略长。

骆驼一般满 6 岁时才发育完成，6 岁前可视为青年驼和幼龄驼。6～16 岁为体力最旺盛时期，可视为壮龄驼。20 岁以上可视为老龄驼。骆驼年龄 6～19 岁时是生产性能和使役的最好时期。20 岁以上多数骆驼的役用能力和生产性能逐渐下降。但骆驼 20～25 岁时尚可使役，个别骆驼在 31 岁时仍可骑乘。饲养管理及利用方法不同，会缩短或延长其使役或繁殖年限。

在养驼业方面，了解骆驼的年龄具有以下意义：

(1)为了育种记载工作的需要。

(2)可根据年龄的大小，合理分配适当的工作量。

(3)可作为用药剂量、驼群周转和淘汰时的依据。

(4)可供幼驼调教、培育和合理饲养管理参考。

在缺乏骆驼出生记载的情况下，判断骆驼年龄的正确方法，应是根据其牙龄的生长、脱换和磨损情况加以判断，其具体方法如下：

一、骆驼牙齿的名称、数目和齿式

牙齿是骆驼身体中最硬的组织。牙齿固定在上下颌的齿槽中，按其作用和位置，可分为下列几种：

1. 切齿

下颌有切齿 6 枚，上颌在靠近犬齿的地方各有 1 枚，共计 8 枚。下颌切齿又分为 3 种：

(1)门齿(钳齿)　下颌切齿中央的 2 枚。

(2)中间齿　在下颌门齿的两侧各 1 枚。

(3)隅齿　在下颌中间齿的两侧各 1 枚。

2. 犬齿

位于臼齿和隅齿中间，上、下、左、右各 1 枚(上颌 2 枚，下颌 2 枚)，共有 4 枚。

3. 臼齿

上颌 12 枚(左右各 6 枚)，下颌 10 枚(左右各 5 枚)，共有臼齿 22 枚。臼齿又可分为：

(1)前臼齿　由前向后，上颌前 3 枚，下颌前 2 枚，上、下、左、右共 10 枚。

(2)后臼齿　由前向后，上颌第 4、5、6 枚，下颌第 3、4、5 枚为后臼齿，上、下、左、右共有 12 枚。

综上所述，幼年驼有乳齿 22 枚，成年驼有永久齿 34 枚。其齿式排列如图 1-7 所示。

后臼齿	前臼齿	犬齿	(右)	(左)	犬齿	前臼齿	后臼齿	(上)
后臼齿	前臼齿	犬齿	切	齿	犬齿	前臼齿	后臼齿	(下)

$$\text{乳齿}\quad \frac{3\ \ 1\ \ 1\ \mid\ 1\ \ 1\ \ 3}{2\ \ 1\ \ 3\ \mid\ 3\ \ 1\ \ 2}=22$$

$$\text{永久齿}\quad \frac{3\ \ 3\ \ 1\ \ 1\ \mid\ 1\ \ 1\ \ 3\ \ 3}{3\ \ 2\ \ 1\ \ 3\ \mid\ 3\ \ 1\ \ 2\ \ 3}=34$$

图 1-7　骆驼的齿式

(引自：宁夏农学院，内蒙古农牧学院．养驼学．北京：中国农业出版社，1983.)

在上列齿式中，有 1 对前臼齿呈犬齿形，与犬齿相区分，故名为狼齿，它们没有乳齿。上颌第 1、2 两对门齿永不生出，第 2 对门齿有时也只有小米粒大小。骆驼口齿特点是上颌有门齿 2 枚(相当于上前犬齿)，上下颌都有犬齿，下颌第 1 前臼齿呈犬齿形，是反刍兽的特点。

二、乳齿和永久齿的区别

脱换前的齿，称为乳齿。脱换后的齿，称为永久齿。骆驼牙齿中，切齿和乳前臼齿发生得较早，而幼小骆驼上下颌的1对乳前臼齿，据研究显示其永不换成永久齿。乳齿的齿色洁白，齿冠较短，齿颈较细，齿间空隙较大。永久齿的齿色污黄，齿颈较长，齿间空隙较小。这些特点，在鉴定骆驼年龄时应加以注意。

三、牙齿的部位名称及构造

牙齿露出口腔中的部分为齿冠；插入颌骨齿槽内的部分为齿根；齿冠与齿根相连接处则为齿颈。

骆驼牙齿属于长冠多褶型，其实质构造与其他家畜的牙齿相同，也是由3种不同的物质所组成，即白垩质层、珐琅质层及象牙质层，分别介绍如下：

1. 白垩质层

在牙齿的最外层和齿坎的内面，色泽污黄。大部分被覆于齿根表层，以固定牙齿于齿槽中。在齿坎内的白垩质，因受食物的腐蚀变成黑色，称为黑窝。较年轻的骆驼，齿中心的黑窝明显。

2. 珐琅质层

在白垩质层的内边，象牙质层的外边，色泽青白，是牙齿中最坚硬的一层，用以保护象牙质，防止酸碱物质的腐蚀。切齿齿坎的内层也是珐琅质，因此在磨面上形成内外两层珐琅质轮。

3. 象牙质层

在珐琅质层的里面，为牙齿的基础部分，浅黄色，内有腔洞，称为齿髓腔，藏有血管和神经。

骆驼牙齿边缘锋利，中间凹下，故齿面不规则。上臼齿外缘突出，下臼齿内缘突起。各齿缘呈锯齿状直线，所以对木质化程度高的饲料，也可很快粉碎。这种齿线，在下颌的外壁为扇形，在上颌的内壁为扇形。

四、骆驼牙齿的变化

按照牙齿来鉴别骆驼的年龄，主要是根据牙齿系统变化中的三个时期（即乳齿的生长、磨损和脱换),永久齿的生长和磨损来作出判断。骆驼牙齿系统的变化情况如表1-7所示。

表1-7 骆驼牙齿的发生和脱换时期

上颌	乳齿	永久齿
第一门齿	无	无
第二门齿	发育不完全不生出	
第三门齿	很少生出不定	不定,常在7～8岁间
犬齿	不定,9～10个月	
乳前臼齿(狼齿)	一个月内,4.5岁脱落	不换永久齿。7～8岁,有时6岁
第二前臼齿	一个月内	5～5.5岁
第三前臼齿	稍迟	5～5.5岁
第一后臼齿	无	12～15个月
第二后臼齿	无	2.3～3岁
第三后臼齿	无	5～5.5岁
下颌	乳齿	永久齿
第一切齿	约14天	4.5岁
第二切齿	约5周	5.5岁
第三切齿	6～12周	6.5岁
犬齿	约5个月	7～8岁
乳前臼齿(狼齿)	一个月内无	不换永久齿。6～7岁间
第二前臼齿	一个月内	5～6岁间
第一后臼齿	无	12～15个月
第二后臼齿	无	2.5～3岁
第三后臼齿	无	5～5.5岁

五、骆驼年龄识别的方法

综合以上各种情况,根据牙齿的变化,现将判断骆驼年龄的方法介绍如下:

1岁 下颌的3对乳切齿彼此互相重叠,齿色洁白,乳犬齿呈门齿形状,紧靠隅齿。

2岁　3对乳切齿中，门齿（钳齿）较大，并有轻度磨损，彼此紧密靠近，齿色微黄，乳犬齿虽仍呈切齿形状，但已与隅齿分开。

3岁　乳切齿已极度磨损，彼此互相分离，齿形变长，齿色发黄。乳犬齿已失去原有的门齿形状而变尖。

4岁　乳切齿呈圆柱形，磨损加重，距离增大，或者可能被磨至基部。乳犬齿与乳切齿显著分开。

5岁　乳门齿（乳钳齿）脱落，换成永久门齿（永久钳齿），4.5岁乳门齿脱落，5岁时长齐。乳中间齿和乳隅齿仍未脱落，但已极度磨灭，乳犬齿也开始磨损。

6岁　乳中间齿已经脱落，并换生成永久中间齿，乳隅齿仍未脱落，但已极度磨灭，5.5岁时，乳中间齿开始脱落，6岁时长齐，乳犬齿轻度磨损。

7岁　乳隅齿脱落并换成永久隅齿，6.5岁时乳隅齿开始脱落，7岁时长齐。此时所有下颌乳切齿都已脱落，并完全换成永久切齿，但隅齿尚小，乳犬齿极度磨损。

8岁　永久切齿长得比较大，但尚未开始磨灭，彼此互相紧贴。下颌乳犬齿换成永久犬齿，上颌乳犬齿也开始脱落，但稍晚些。

9岁　门齿（钳齿）稍有磨损，咀嚼面呈平面，切齿彼此互相紧贴，上颌永久犬齿长齐。

10～11岁　门齿（钳齿）齿面呈椭圆形平面，两钳齿基部出现缝隙，中间齿轻度磨损。犬齿11岁前为尖形。

12～13岁　钳齿和中间齿的齿面呈长椭圆形，隅齿稍被磨损，切齿的基部间出现了缝隙。犬齿12～13岁时，磨损呈凸状。

14～15岁　钳齿齿面呈三角形，而中间齿和隅齿则呈长椭圆形，牙齿基部间缝隙增大，犬齿磨灭成半截。

16～17岁　钳齿开始接近四方形，而中间齿接近三角形，隅齿则接近椭圆形，牙齿间的缝隙增大。犬齿齿色变黄。

18～19岁　钳齿和中间齿的齿面呈四方形，而隅齿齿面为三角形，所有牙齿彼此分离，犬齿已极度磨损。

20岁以上　切齿的齿面均呈四方形。

为了便于记忆，可将切齿的生长变换情况整理成以下4句话：

“一扁二平三分离”，是指1岁时乳切齿顶部都呈扁形，2岁时切齿顶部都已磨平，3 岁时各切齿互相分离。

“四柱五钳八扁粘”，是指 4 岁时各乳切齿都呈圆柱形，5 岁的钳齿已更换长齐，6 岁至 7 岁是更换中间齿和隅齿的时间，8 岁各永久切齿都呈扁形且互相靠得很紧。

“九、十、十二顶磨平”，是指钳齿的齿面 9 岁磨平，中间齿 10 岁磨平，隅齿 12 岁磨平。

“十四成角十六方”，是指 14 岁钳齿的齿面呈三角形，16 岁钳齿的齿面呈四方形。其余切齿形状可类推。骆驼不同年龄时牙齿变化情况见图 1-8。

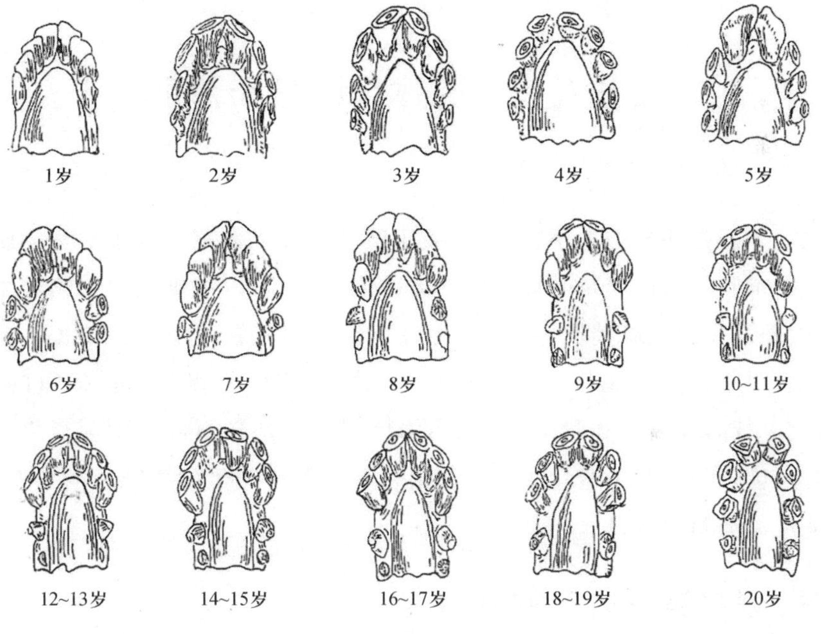

图 1-8 骆驼不同年龄时牙齿变化的示意图

（引自：宁夏农学院，内蒙古农牧学院．养驼学．北京：中国农业出版社，1983.）

六、影响骆驼口齿鉴定的因素

根据骆驼牙齿的发生、脱换及磨灭情况鉴定骆驼的年龄虽较准确，但为了避免鉴定年龄时误断，还必须了解影响骆驼口齿变化的因素，具体如下：

1. 草地情况

草地类型不同，骆驼牙齿的磨损程度也不同。凡常年放牧在灌木、半灌木较多的草地上的骆驼，由于长期啃食灌木，牙齿磨损较为严重。有的骆驼在 8 岁时，钳齿即已磨平，有的在 16 岁后切齿即已磨到齿龈。而生活在沙漠湖淖中的骆驼，由于多采食草本牧草，质地较软，故牙齿磨损较轻。有的骆驼牙齿甚至露出唇外。

2. 齿的异常变化

牙齿磨损程度及脱换，个体间差异有时很大。有的骆驼 4 岁时开始换牙，而有的骆驼则在 6 岁时钳齿和中间齿同时脱换。甚至个别骆驼，终生只长一对牙。

任务五　骆驼体尺测量和称重

骆驼体表各部分的大小，用长度或角度等单位以数字来表示的称为骆驼的体尺。测量骆驼的体尺是研究骆驼的方法之一，它可以准确地表明骆驼个体的大小、生长发育和健康情况，并可作为检查骆驼饲养管理情况的依据。体尺还可用来表明骆驼的外貌特征，或作为划分体质类型、等级与估测体重的依据。此外，在进行品种调查和科学研究时，体尺测量也是必不可少的项目之一。因此，在鉴定骆驼时，为了避免单纯用肉眼检查骆驼所产生的主观上的错误，必须对骆驼进行准确的测量。

一、测量骆驼体尺的器械

测量骆驼体尺的器械，主要有以下 5 种：

1. 测杖

用以测量体高、体长、肢长等。骆驼测杖以 2.5 m 长为宜，为普通的手杖形，内装有测尺，使用时可以随便抽出。

2. 圆形触测器（卡尺）

用以测胸宽、尻宽、尻长等。

3. 卷尺（皮尺）

用以测量胸围、管围等，皮尺的长度以 5 m 为宜。

4. 角度计

测量各关节的角度用。

5. 30 cm 的直钢尺

测量骆驼的被毛及保护毛长度。

二、骆驼测量的部位

测量驼体部位的多少,因研究的要求不同而有差异。一般主要的测量部位有以下各项,其中以体高、体长、胸围及管围 4 项最为常用。如图 1-9 和图 1-10 所示。

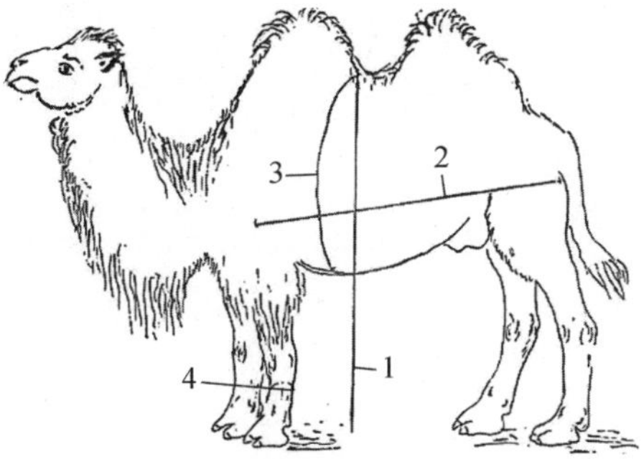

1. 体高 2. 体长 3. 胸围 4. 管围

图 1-9 双峰驼体尺测量部位

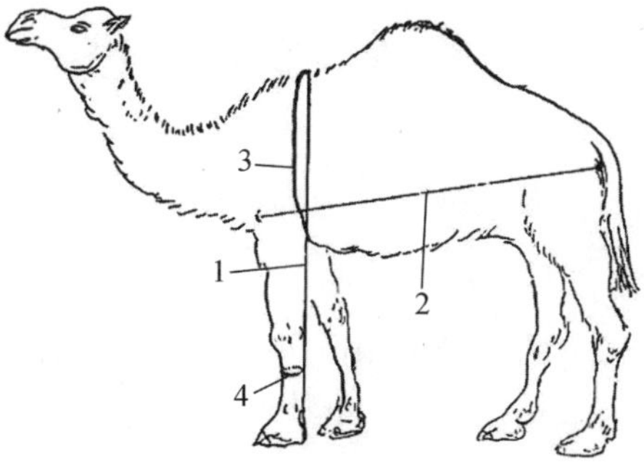

1. 体高 2. 体长 3. 胸围 4. 管围

图 1-10 单峰驼体尺测量部位

(引自:宁夏农学院,内蒙古农牧学院. 养驼学. 北京:中国农业出版社,1983.)

1. 体高

双峰驼的体高,是指由前峰后缘基部(第 9～10 背椎棘突处)到地面的垂直距离。而测量单峰驼体高的部位,则是由第 3 背椎(即驼峰前缘基部、鬐甲)到地面的垂直距离。

2. 体长

体长是自肩胛关节前面的突起部位起到坐骨结节后面突起的距离,即由肩端到臀端的距离。

3. 胸围

双峰驼的胸围是从前峰后缘基部起向下经过胸底角质垫的中心绕体一周所成的垂直周径。而测量单峰驼胸围,则由第三背椎(即驼峰前缘基部)起向下同样经过胸底角质垫的中心绕体一周。

4. 管围

管围是由前肢左管部的上 1/3 处,绕管一周所成的水平周径。根据体高和体长,可以确定骆驼的大小,根据胸围可以看出胸腔发育的程度,而管围则代表骨量的大小。体长和胸围与体高比较以后,就可以判断骆驼身体粗大或细小。

5. 胸宽

胸宽是左右两肩胛软骨后缘胸侧的水平距离。

6. 胸深

胸深是前峰后缘的基部到胸角质垫中点的直线距离。

7. 头长

头长是从枕骨到鼻端的距离。

8. 额长

额长是从枕骨到两眼内角联合线处的距离。

9. 额宽

额宽是两眼眶外缘间的直线距离。

10. 尻宽

尻宽是两腰角外侧间的水平距离。

11. 尻长

尻长是自腰角前缘至臀端后缘间的直线距离。

12. 荐高

荐高是从荐骨最高点到地面的垂直距离。

13. 肢高

肢高是从肘端起到地面的垂直距离。

14. 颈长

颈长是由下颌后缘起,经颈下弧线至胸骨前端的全长。

15. 驼峰高度

驼峰高度是从驼峰的基部到驼峰顶部的垂直距离。

16. 驼峰宽度

驼峰宽度是从峰基前缘到峰基后缘的距离。

17. 峰间距离

峰间距离是从前峰基部后缘到后峰基部前缘的距离。

18. 大腿围

大腿围是股部中央的水平周径，用以确定大腿肌肉的发达程度。

三、驼体测量的注意事项

为了提高驼体测量工作的准确性，必须注意以下几点：

(1)测量前应做好测量工具的检查和校正工作，了解器械的特性及其误差，以便对实测的结果加以校正。

(2)将要测的骆驼由驼群单独牵出，使其安静地站立于平坦的地方，并保持正常姿势。

(3)测量时，除注意对准测量部位外，还要掌握松紧程度，既不要在毛上悬空量取，也不可将器械压入皮内，而应使其紧贴体表。利用皮尺时要拉紧，并以能勉强插入二指为度。

(4)正式测量时，测量人员要温和地从骆驼左前方逐渐接近，切勿惊吓骆驼而使其姿态改变，增加测量困难。由于骆驼很难保持长期不动，所以测量人员的动作必须力求迅速。如果对量取的数据有异议，应立即进行重复测量，以其平均数为实测数。

(5)选取测量的骆驼时，应随机抽样，不能有意识只选好的或个体大的来测。只有取得体尺以后，加以分析研究，才能肯定该群骆驼的特征。

(6)在进行骆驼的考察和科学研究时，为了肯定该地区骆驼的外貌特征，测量应有足够的数量，才能保证所测体尺的代表性，当然这一数量并不是越多越好，一般不少于100～150峰，或调查的峰数应占该地区骆驼总头数的5%。

(7)驼体测量应由4～5人组成，1人量测杖，1人量皮尺，1人做记录，1～2人固定骆驼。还要组织更多的人员捕捉骆驼，测量人员必须注意安全，对于性情不温顺的骆驼，应做特殊的保定，以防伤人。

四、骆驼体尺指数计算

骆驼的体尺经过统计分析以后，只能说明驼群间某一部位的发育情况，而不能说明骆驼的体态结构，这是因为每一种体尺的绝对数值是单独量取的，并未和其他部位发生联系。然而，骆驼是统一的有机整体，只有把各种体尺互相联系起来分析，才能更好地研究判断骆驼的体态结构。我们把一种体尺与其他体尺的比率，称为体尺指数。

在养驼业中，一般常用的体尺指数有以下几种：

1. 胸围率

胸围率是胸围对体高的百分率，即：

$$胸围率=\frac{胸围(cm)}{体高(cm)}\times 100\%$$

由胸围率可以看出骆驼胸廓大小与心肺发育的情况。胸围率大的骆驼体格必大，持久力也大。

2. 管围率

管围率是管围对体高的百分率，即：

$$管围率=\frac{管围(cm)}{体高(cm)}\times 100\%$$

由管围率可以看出，骆驼骨骼发育的情况。

3. 体长率

体长率为体长与体高的百分率，即：

$$体长率=\frac{体长(cm)}{体高(cm)}\times 100\%$$

4. 肢长率

肢长率为肢长对体高的百分率，即：

$$肢长率=\frac{肢长(cm)}{体高(cm)}\times 100\%$$

幼驼肢长指数较大，随着年龄的增加而逐渐减小。在同一类型的骆驼中，肢长指数过小，则是胚胎型的表征，多为胚胎时期的营养不足所致。

5. 体重率

体重率是体重与体高的百分率，即：

$$体重率=\frac{体重(kg)}{体高(cm)}\times 100\%$$

体重率可表示骆驼肌肉骨骼的发育程度。

五、骆驼的称重

在养驼业中，定期进行驼体称重，对于幼龄驼生长发育的了解和成年驼体况的检查，都具有一定的意义。

称重应在早晨出牧及饮水前进行。为了使结果更准确，应连续 2 d 称重，取其平均值。

驼体称重最准确的办法是用大的平台式地秤。台面和地平面一致，将骆驼牵立其上，直接称出其重量。骆驼在平台上站立时，应尽可能使其站在中心部位，而不可过分偏于一边。

在不能进行直接称取体重的情况下，可利用测得的胸围和体长这两个数据代入下列公式进行估算。最后估算出的体重，可根据营养状况不同，加减一个标准差。即在上等膘时，加 45.69 kg，下等膘时则减去 45.69 kg。

骆驼体重的估算公式如下：

$$体重(kg)=67.01+58.16(胸围^2\times体长)\pm45.69$$

任务六　骆驼的外貌鉴定

体质外形鉴定是骆驼选育工作中广泛应用而又简单易行的一种选种方法。只有选择那些体质结实、结构匀称、发育良好的个体作为种驼，才能提高驼群的生产性能。当进行骆驼的外形鉴定时，必须把它看成是统一的整体，而且要结合它所处的生活条件来考虑，这样才能正确理解整体与部分、形态与机能、内部与外部矛盾统一的复杂关系。

一、鉴定的时间和组织

1. 鉴定的时间和内容

鉴定的时间和内容，可因选种要求不同而异。如果以役用为主，应在每年的10—11月(这时骆驼全部收场)膘好时,根据体质外形一次鉴定。如果以毛用为主,就应把鉴定次数增加到2次。一次仍在秋末,重点进行体质外形鉴定,一次在次年的3—4月,重点进行产毛性能的鉴定,最后根据2次鉴定结果,评出个体等级。

2. 鉴定的组织

开展骆驼选育的单位,应由有经验的技术人员组成鉴定小组,拟定计划定期进行鉴定;未开展骆驼选育的单位,可由主管生产的领导召集有关人员进行鉴定工作。

二、鉴定方法

肉眼鉴定具有悠久的历史,它是用肉眼观察驼体外形并进而判定其整体优劣的一种方法,通常也会辅之触摸。鉴定人员与驼体应保持一定的距离,并由其前面、侧面和后面进行一般的观察,得其全貌,借以了解品种特征是否典型,整体发育是否协调匀称,个体大小与健康程度,有无严重失格以及体质与气质的具体表现等,然后再系统地详细审查各部位,最后综合分析,评定优劣。

为便于后期查询,应在鉴定时将所见所感的主要优缺点用文字简要描述或在轮廓图上用相应的符号标出各个部位的优缺点,使之一目了然。

任务七 骆驼的解剖生理

一、骆驼的运动系统

运动系统由骨、关节和肌肉3部分组成,占骆驼体重较大的比例,因品种、年龄以及健康、营养等情况而有不同。运动系统决定骆驼的基本体形,位于皮下的一些骨的突起和肌肉可从体表摸到,实践上常用来作为定位的标志。

1. 骨

骆驼各骨块比较粗大,所以组成的骨架庞大,有适应缓慢平稳行动的作用。

公驼的骨骼较母驼大。由于支撑体重的原因，前肢骨较后肢骨粗壮。

(1)躯干骨　包括脊柱、肋骨和胸骨。脊柱由颈椎、胸椎、腰椎、荐椎和尾椎组成。

①颈椎：有 7 个，所有颈椎在正常站立时连接成凹侧向上的半圆形。每个颈椎椎体都较其他家畜长，致使骆驼的颈部特别长，椎体的前关节面(椎头)较平，后关节面(椎窝)较浅，椎间软骨盘厚而强韧，故颈椎的运动非常灵便。椎间切迹很深，第 3、4、5、6 颈椎的横突都容易在皮外摸到，每一横突也如马一样分前后二支，前支较大，横扁向下弯曲，颈椎下方的血管及重要器官因此可得到保护。

②胸椎：有 12 个，椎体均较马的长，棘突高，向后倾斜的角度也较马的明显，至第 11、12 变为垂直。从第 1 至第 3 显著增高，以后逐渐降低，至第 11、12 最低。

③腰椎：有 7 个，椎体长而厚，棘突几乎垂直，由前至后逐渐变短。关节突强大，其前后相接，致使脊柱在腰部最为坚硬。横突长，末端易在皮外摸到，鞍具如不合适，长久摩擦可使此部硬化或坏死，横突由前向后逐渐增长，前两个水平向外挺出，第 3 腰椎以后则向前下弯。

④荐椎：有 5 个，愈合在一起构成荐骨。侧面短而弓起，前关节突显著，棘突粗钝。

⑤尾椎：有 15～20 个，结构与马的相似。

⑥肋骨：共 12 对，8 对胸骨肋，连着胸骨，4 对弓肋，不连胸骨。第 8 对肋骨的软骨刚达到胸骨。肋骨的弯曲度不如马大，故骆驼的胸部两侧扁平。肋骨宽而横扁，致使肋间隙狭窄。第 1 对肋骨短，第 6 对肋骨的中部有一根粗糙的结节。前 7 对肋软骨宽大而坚硬。第 12 对肋骨向前较倾斜。有时有发育不完全的第 13 对肋骨，但不与正常椎骨成关节。

⑦胸骨：胸骨厚而大，共 7 节，第 1 节很小，第 2 节长而扁直，自第 3 节至第 6 节渐次增大，第 7 节同第 5 节一样大，第 6、7 节的下面有一正中沟，这两节在胸座的深层组织之下。胸骨无龙状软骨，有发育不完全的剑状软骨。

(2)头骨　颅部骨骼大致与马的相似，但面部骨骼差异很大。

①颅骨：枕嵴非常显著，故骆驼的头顶成峰状。自顶峰向两边斜行至颧骨的地方，有两条明显的乳嵴。顶嵴很明显，由枕嵴中点沿正中线向前行，前端分为两支，向外曲折，与额骨眶上突的后缘连接成一明显的弯嵴，供颞肌附着，但

年幼时不如成年明显。枕骨外面有一粗糙而突出的枕外结节，供项韧带索状部附着，颈突短而厚。

颞骨岩部的外耳道不突出，该部骨质疏松呈海绵状，长约 4 cm，向下突出于下颌关节的后面。颞窝宽大，颞骨颧突只与颧骨相连接。下颌骨的冠状突可在颞窝内摸到。

②额部及额窦：额骨隆凸，故面部显得较大，幼年时，位于两眼眶间处甚为凹陷，眶上孔在凹部中线附近，容易摸到。一般眶上孔都是一边 1 个，也有 2 个或 3 个小孔的。眶上孔通一骨管（眶上管），行经额窦，与眶窝背内侧 2～3 个小孔相通。

额窦在额骨面部的内面，位置与马相似。后界伸至距顶嵴形成的弯嵴 0.65 cm 处，侧界距眶孔上缘 1.3 cm，前缘伸到两眶上孔稍前方，所以每一额窦形如一个三角形，一角在眶上孔，一角在顶嵴分叉处前 0.65 cm，另一角靠近眼内角。左右两个额窦被一骨质分开。各窦又借其他骨片分隔成小腔，正中的弯缝与上鼻道沟通，马则借额颌孔与上颌窦相通。

③眶：驼因为额骨宽大，所以眶窝很深，眶缘由额骨、颧骨及泪骨围成。颧骨后缘分叉，一部与额骨眶突相连接，另一部与颞骨颧突相连接。在眶的前方，即额骨泪骨相遇的地方，有一个裂缝，幼龄时裂缝很宽，好像一个切迹。眶孔被一个不大显著的突起保护着。

④鼻及上颌：因为眶的上缘凸出较高，所以在鼻梁及眶之间有一极明显的凹陷。有些种类的骆驼，因为鼻子向上翘得很高，与额部成较大角度；有些品种则成一直线，鼻骨成凸形，上颌骨没有面嵴，眶下孔在距齿槽缘较近的地方。

鼻腔较马的窄，被一块宽大的犁骨分隔着。筛骨侧块前侧筛泡很大，如同额外的鼻甲，上鼻甲很小，下鼻甲比较大，并旋成两卷。

犬齿和切齿的齿槽在颌前骨，其余各齿的齿槽都在上颌骨，上颌骨的上颌结节很大，且位置靠后，以致最后一个臼齿就在眼眶的下面，上颌窦较小，呈长椭圆形，和中鼻道相通，位于上颌骨的凸出部，第 3、4、5 臼齿齿槽上面。

硬腭窄狭，于第 1 前臼齿处明显变狭，故齿槽间隙显得很大。

⑤下颌：下颌骨形状同马一样，水平部后缘是直的，与垂直部成直角。下颌骨体很长，到第 1 前臼齿后即变窄。冠状突高大，下颌髁小。颏孔每边有 1 个，在其后又有一副颏孔。

(3)前肢骨

①肩胛骨:肩胛骨上缘较凸,附着有肩胛软骨。肩胛冈在骨的外面中部下行,有一粗糙的冈结节。肩峰突如指形,自肩胛冈下端伸出,长约 3.8 cm,故此处易发生骨折。喙突大,肩臼浅。

②肱骨:形状与马相似。

③桡骨及尺骨:此两骨融合在一起,称前臂骨,较长。在前臂骨中部,尺骨不能分辨出来。但在其下端,约有 7.5 cm 长,尺骨虽靠着桡骨,却明显可分。

④腕骨:共有 7 块,与马的腕骨相似,但第 4 腕骨较第 3 腕骨大。

⑤掌骨:或称管骨,细而长,没有小掌骨。骨的前端被一浅沟分为二等分,到下端此沟变深,将骨分为二支,所以在这个地方分成明显的二指。骨的掌面有一明显的掌后沟,故骆驼的屈肌腱没有高的隆起。

⑥子骨:共有 4 块,掌骨下端每一分支后面有二个子骨。

⑦指骨:第 3、4 指骨发达,其余全部退化,两指骨相应部位完全相同,都有 3 个指节骨。第 1 指节骨(系骨)颇长;第 2 指节骨(冠骨)长 5 cm,宽 2.5 cm;第 3 指节骨(蹄骨)形状同马的一样。骆驼的系节只有第 1 指节骨成系部,故很短,两指的第 2、3 指节骨平排着形成蹄部。

(4)后肢骨

①髋骨:骆驼骨盆短,极斜。髂骨翼宽大,髋结节小而尖、荐结节圆而大。髋骨内缘较平,外缘扁平。骨盆联合下面有一腹嵴,同牛的一样。坐骨结节显著,外部很大,故在臀部形成一个 7.5 cm 长的水平嵴。髋臼较马的深。

②股骨:骨体细长,呈略向前弯的弓形。大转子较小,股骨头很大,与髋臼成关节。大转子后下方的转子窝深。

③髌骨或膝盖骨:较马的狭长。

④胫骨及腓骨:胫骨同马的相似,腓骨是一小骨,它的远端退化分离成一踝骨,与胫骨下端外面成关节,构成飞节上列关节的一部分。

⑤跗骨:共有 6 块。骆驼飞节的特点,即下列关节亦如上列成枢纽关节,不像其他家畜为滑动关节。

胫跗骨(距骨)有几个特点:骨的前面有一个很深的凹陷,专为接纳胫骨的相应突起,使之可以有极度的屈曲。同样又有一凹陷接受舟状骨(中央跗骨)的相似凸起,使关节得以伸展。它同舟状骨及骰骨(第 4 跗骨)成关节的关节面大而凸起,相应的楔状骨的上关节面凹下。

骰骨很大,腓跗骨(跟骨)颇短大,第3跗骨扁平,同牛、马一样。第2跗骨不整齐,同牛的一样。

⑥蹠骨:同掌骨,但其厚度较宽度大。幼龄骆驼在蹠骨内面有时有一小内侧蹠骨。

⑦趾骨:同前肢的指骨,但比较小。

⑧浮骨:又名内脏骨。一在心内,一在膈内。

2. 关节、韧带及弹性组织

(1)关节　骆驼颈的伸屈非常大,颈椎形状比较特殊,同时椎间软骨盘较长,约2 cm,所以骆驼的颈向上向后屈时,可以在鬐甲处擦痒;侧屈时可以用齿衔住鬐甲的部分;下屈有限,不能伸直其上弯。下颌关节因下颌髁完全呈凸形,故反刍时侧动非常灵活。

飞节有二重枢纽关节,故卧下时可屈后管部于胫骨之上,使两者之间原有的角度消失。

(2)韧带及弹性组织　骆驼的弹性组织非常发达,如项韧带、四肢弹性组织、蹄弹性枕,甚至腹黄膜,都是由强韧的弹性纤维构成。

①项韧带:静止时维持头颈正常位置,可使颈部肌肉不致过于用力而失去平衡。在颈部运动的时候,先是颈部肌肉胜过项韧带的张力,但运动完毕,恢复并维持其正常位置时,主要是项韧带的弹性。未经拉伸的项韧带较颈椎的全长短。所以当肌肉麻痹后,颈椎即向一侧突出。项韧带从腰椎棘突起,一面前行,一面连接各椎骨的棘突顶端,这同其他家畜的棘上韧带一样。当项韧带经过胸椎时,沿途向两侧分出下支至胸壁,对吸气有机械辅助作用。项韧带由后向前逐渐变宽,盖住前几个胸椎棘突的顶端和旁边,到了颈部变为并行的两束圆索,即项韧带的"索状部",止于枕外结节,它可从皮外沿颈上部摸到。每束向下分出侧支止于每个颈椎的顶端(第1颈椎除外),构成板状部。

②四肢弹性组织:四肢弹性结构为一种省力装置,在行走时四肢有静性的屈动,肌肉只用最小的收缩力量就够了。这些弹性组织,在前肢的盖在肩部外面,在后肢的盖在臀部,但均位于深浅两层筋膜之间,每层向下至腿部形成强的腱带,排列适当,以利于关节的屈曲。

前肢的弹性组织都从项韧带起,盖在肩部及臂部,经肘关节继续下行,消失于腕关节的深筋膜中。另一部分自肘关节下行,止于腕关节的下后方。

后肢起自臀后深筋膜,盖住臀部及大腿部,经膝关节后侧下行,横过小腿部,消失在蹠骨前。

悬韧带发达,起于掌骨近端掌侧,至球节上方即分为三支,结构与牛相同。

3. 肌及腱

骆驼的肌肉分布与马相似,颈部肌肉与背部肌肉较小。

臂头肌起于肱骨外侧结节和三角肌节结附近,止于颈部深筋膜。三角肌起于肩峰、肩胛岗和肩胛骨后缘,止于肱骨三角肌结节。臂二头肌肌腹分为内、外两部分。前臂和前脚部的肌肉同牛的一样,其指伸肌包括指总伸肌、指内侧伸肌和指外侧伸肌。指总伸肌位于前臂外侧,指内侧伸肌和指外侧伸肌之间,所以在掌骨的前面有三条肌腱,指内侧伸肌腱和指外侧伸肌腱分别止于内侧指和外侧指的冠骨和蹄骨。指总伸肌腱,在系关节前分为两支,分别沿内、外二指的背面向下,止于蹄骨伸腱突。前臂部不存在指浅屈肌的肌腹和腱,但自腕后韧带起有一腱,包于指深屈肌腱之后,在掌骨下端分为两支,在系关节部变宽变薄,形成包围指深屈肌腱的腱套,止于系骨和冠骨两侧。指深屈肌腱在指浅屈肌腱和悬韧带之间向下伸延,在系关节上方分为两支,分别通过指浅屈肌腱形成腱套,止于内外侧指蹄骨掌侧面。指浅屈肌腱和指深屈肌腱在系关节的下方变得薄、软而松弛,是适应系关节屈伸活动的缓冲装置。

臀浅肌前、后两头的止点腱,聚集成宽约 5 cm 的强大腱板,与股二头肌融合在一起,止于膝盖骨。股四头肌的四个头较马的明显。后肢的趾伸肌有趾长伸肌,趾内侧伸肌和趾外侧伸肌,位置同牛前肢相似。驼还有一腓骨长肌,位于趾长伸肌和趾外侧肌之间,止于蹠骨近端,可屈跗关节。趾浅屈肌腱、趾深屈肌腱在蹠部和趾部的行程和止点与前肢相同。

二、骆驼的被皮系统

被皮包括皮肤和由皮肤演化的特殊器官,如皮脂腺、汗腺、颈腺、毛、乳腺、角质垫、枕和蹄等,这些特殊器官称为皮肤的衍生物。

1. 皮肤

骆驼皮肤很厚,其结构与其他家畜相似,分为表皮、真皮和皮下组织。

(1)表皮　与其他家畜相同,可清楚地分为角化层、颗粒层和生发层。透明层仅在无毛区的表皮中清楚。表皮平均厚度约为 0.76 mm。

(2)真皮　乳头层薄,由细而密的胶原纤维组成;网状层厚,由较粗的纤维组成。真皮平均厚度约为 2.95 mm。

(3)毛的排列　毛聚集成簇,各簇分别自一不规则压陷区或沟状区长出,并借嵴状隆起与邻簇相分隔。各簇毛分别由单独长出的 2～3 根较长的粗毛和紧围于此粗毛附近的 2～5 束较短的绒毛组成。每束绒毛由 2～9 根组成,并自一总口长出。绒毛在驼体大部分位于一复合毛囊内,达皮脂腺水平以上,再各自分开长出。

(4)皮肤腺

①皮脂腺:粗毛的毛囊周围各有数个皮脂腺,无毛囊的皮肤区也无皮脂腺。

②汗腺:除上唇、鼻孔和肛门周围的皮肤外,均有呈盘曲形的汗腺。导管开口于皮脂腺水平以上粗毛的毛囊颈部,与绒毛无关。

③颈腺:又称项腺,仅公驼有,为两个皮肤腺,位于枕嵴之后中线两侧皮内。颈腺所在处外部皮肤隆起,色黑,毛较稀疏,夏季换毛后,该处毛长得慢,周围毛长得快,因而成为两个明显的椭圆形短毛区。在胚胎期间,公胎即出现颈腺。初生公羔的颈腺长 2～3 cm,宽 1.5～2 cm。一般为椭圆形。4 岁公驼,颈腺的大小和机能,根据是否发情和发情程度有很大差异。不发情和发情不明显者,颈腺长 2～5.5 cm,中部宽 1～3 cm,发情旺盛者长 5.2～6.7 cm,宽 2.8～5.5 cm,至成年时则更大。发情的公驼长 8～10 cm,中部宽 4～7 cm;夏季不发情时,颈腺的长度缩小 15%～40%,且稍变窄。

颈腺组织主要是由特别发达的汗腺和皮脂腺共同构成的。分泌部的上皮为单层立方或柱状细胞,有些地方细胞的腔面无清晰的界限,似有分泌物排入管腔。有许多排出管开口于表皮表面毛簇之间的小孔中。发情季节排出棕黑色带有异味的分泌物。

2. 角质垫

角质垫(胼胝体)为一定部位皮肤的变厚和角质化。卧下时,该处接触地面,承受最大体重,其中以胸角质垫最大,位于胸骨后部的下面。在肘关节、腕关节和膝关节的关节角顶各有一角质垫。飞节外侧亦有一较小的角质垫。

角质垫的构造最外面是一层粗厚而有弹性的角质层,呈黑色,此层在沙漠地区的骆驼较软，在山地的骆驼较硬。角质层内面衬有一层分泌黏膜，黏膜面上有许多小乳头，恰与角质层的孔眼密合，使得两层组织结合紧密，分泌的黏膜富有血管，内面由坚固的纤维软骨构成基底。

骆驼卧地主要是胸部、肘部和膝部五块角质垫触地，其他各部都与地面保持一定空隙，避免因过热或过冷而造成的组织受损和生理障碍。

3. 脂肪组织

骆驼的脂肪在膘好时，贮存于峰内、心肾周围、腹膜及胸膜壁层之下。眼球后及颞凹也可贮存部分脂肪。

4. 乳腺

骆驼的乳房位于耻骨区，共有 4 个乳头，每个乳头基部有 2 个乳池，乳头上有 2 个乳头管的开口。前两乳头中间距离较宽，后两乳头较窄。乳房借乳房悬韧带、侧韧带、提乳房肌（起于乳房后部浅筋膜，向前经乳腺浅面止于脐之两侧）和皮肤固定。

5. 蹄部

骆驼为团蹄动物，因需要适应沙漠和戈壁中的生活条件，故蹄部结构非常特殊，可分为指(趾)枕和蹄两部分，如图 1-11 所示。

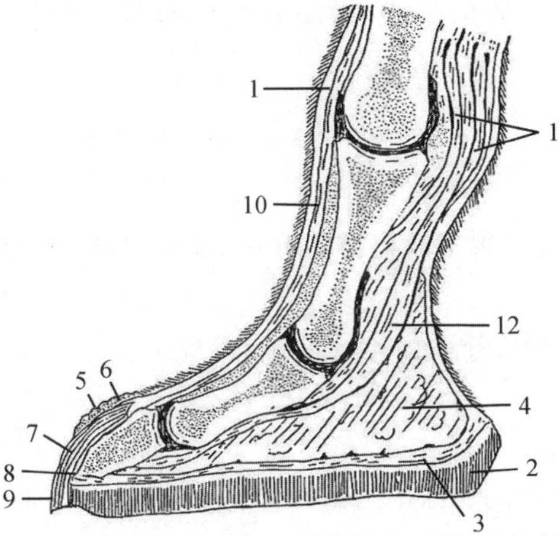

1. 皮肤 2. 指枕角质层 3. 指枕真皮层 4. 指枕皮下层(中间纤维弹性脂肪组织)
5. 蹄褶 6. 蹄冠 7. 蹄壁 8. 蹄壁真皮层 9. 蹄钩 10. 伸肌腱 11. 指浅层肌腱
12. 指深层肌腱

图 1-11 骆驼掌部远端和指部纵断面示意图

(引自：宁夏农学院，内蒙古农牧学院．养驼学．北京：中国农业出版社，1983.)

(1)指(趾)枕　骆驼的指(趾)枕位于指(趾)部掌侧(跖侧),即位于第1指(趾)节骨的下1/2,第2和第3指(趾)节骨的底面。第3和第4指(趾)的指(趾)枕完全融合,两指(趾)紧密结合以扩大与地面的接触面积,使担负庞大体重的指(趾)部不致陷入沙中。前肢的指枕较后肢趾枕大而厚。

指(趾)枕与皮肤一样,分为表皮层(角质层)、真皮层和皮下层,而且皮下层特别发达。

角质层覆盖于枕的整个表面。前方以浅横沟与蹄底角质层分界,周缘向上转折,无界限地转为皮肤的表皮层。折转部较柔软,以减少对皮肤的压迫,中线上有一相当于第3指(趾)枕和第4指(趾)枕结合的纵沟,指(趾)枕表面粗糙,有龟裂的鳞片,后部比较光滑平坦。角质层的背侧面有许多漏斗状小孔,可容纳指(趾)枕真皮层的针状小乳头。角质层具有耐磨、隔热和防寒的作用。

真皮层的表面有许多针状乳头,嵌入角质层的漏斗状小孔中,表面中央有宽而浅的纵沟,与角质层的纵沟相对应。纵沟的背侧有发达的指(趾)枕真皮中隔,使指(趾)枕和指(趾)部骨骼紧密结合,防止第3指(趾)和第4指(趾)的过度扩张。

皮下层特别发达且构造特殊,后部厚而弹性组织发达,向前转变为3个具有弹性和柔软性纤维脂肪组织(驼蹄黄),呈椭圆状,中间最大,轴侧次之,远轴侧最小,是指枕的缓冲地带。

(2)蹄　蹄小,似肉食动物的爪,位于第3指(趾)节骨的壁面,可作为骆驼卧下或站立时的支点。活动在沙漠地区的骆驼,蹄壁的底缘游离,弯向后下方,形成钩状的蹄甲,指(趾)着地时可伸入沙中,能固定指(趾)枕不向后滑。

三、骆驼的消化系统

1. 口

上唇正中有一唇裂,上下唇长,运动灵活。唇内衬有光滑的黏膜,仅在口角长有锥状乳头,与颊部黏膜的乳头连成一片,乳头有的呈锥状,有的呈佛手状。颊腺特别发达,有颊上腺、颊中腺和颊下腺,均属浆液性腺体,骆驼头部浅层的腺体见图1-12。硬腭构成口腔的顶壁,前半部较窄,正中有一腭缝,腭缝两侧形成腭褶9～10条;后半部无腭褶和腭缝。硬腭位于犬齿前的部分,长有许多小突起，黏膜上皮角化形成齿板。

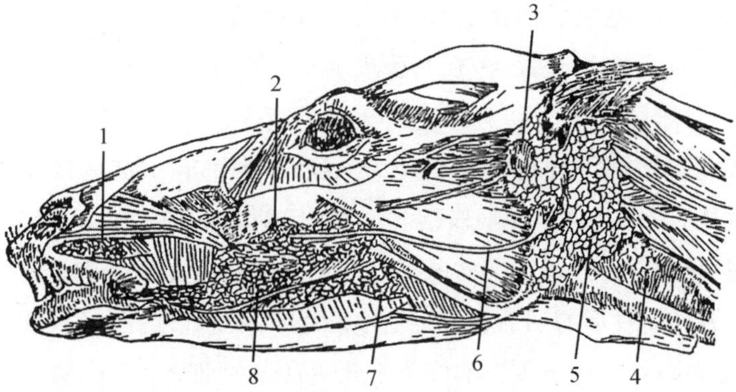

1. 唇腺　2. 颊上腺　3. 腮淋巴结　4. 颈前淋巴结　5. 腮腺
6. 腮腺管　7. 颊下腺　8. 颊中腺

图 1-12　骆驼头部浅层的腺体

（引自：宁夏农学院，内蒙古农牧学院．养驼学．北京：中国农业出版社，1983.）

齿属长冠齿，齿冠随着磨损由齿槽长出。上颌有切齿 1 对、犬齿 1 对、狼齿 1 对、前臼齿 2 对、后臼齿 3 对。下颌有切齿 3 对、犬齿 1 对、狼齿 1 对、前臼齿 1 对、后臼齿 3 对。上颌切齿呈犬齿状，其位置与马的隅齿相当，在犬齿之前位于齿板两侧，母驼的较小，有时缺少。下颌切齿呈楔状，无齿坎，犬齿发达，位于齿槽间缘前端，母驼的较小，狼齿呈犬齿状，较犬齿小，位于齿槽间缘中部，母驼无狼齿。前臼齿和臼齿均属多褶型长冠齿，幼驼齿冠锋利，磨损后，嚼面呈新月形。

舌与牛的形状相似，舌体背侧面后半部隆起，形成舌圆枕，有丝状乳头、菌状乳头、豆状乳头和轮廓乳头，无叶状乳头。在舌圆枕和舌根黏膜下，舌腺成层分布，且与舌下腺连成一片。在舌根背缘内有许多舌淋巴滤泡，为舌扁桃体。

唾液腺有腮腺、下颌腺和舌下腺各 1 对，其分布及位置见图 1-12。腮腺最大，位于耳郭腹侧，呈灰红色，分叶明显，为浆液性腺体。腮腺管起自腮腺前缘中部，由 3～6 条排泄管汇合而成，由此向前，经咬肌浅面，颊上腺后端外侧面和颊肌浅层与深层之间，由颊肌深层上缘向内穿过颊黏膜开口到口腔，开口对向上颌第 2 臼齿。开口处常因被坚硬饲料穿进，而形成草包。下颌腺略呈三角形，在腮腺内侧，位于寰椎翼、二腹肌后腹与颈静脉所形成的三角地区，为一混合性腺体。下颌腺管由腺体前缘下 1/3 穿出，向前向下，斜经二腹肌中间腱的外侧，顺次沿二腹肌前腹上缘，舌骨肌外侧面、舌下腺下缘和舌系带下缘向前伸延，在舌系带前端开口于口腔，开口处并不隆起，不形成舌下肉阜。舌下腺窄而长，在下颌骨内侧、茎突舌肌的背侧，位于口腔黏膜与下颌舌骨肌之间，为一纯黏液性腺体。舌下腺管有数条，在黏膜表面呈一些小点状的开口。

2. 咽

咽长而宽，被软腭和两腭咽褶分为上部的鼻咽部和下部的口咽部。鼻咽部在咽内口背侧，为一新月形的咽横褶，分为前后两室。咽横褶宽约 5 cm，凸缘附着于咽顶壁和两侧壁，凹缘游离向前下方。咽鼓管靠近此褶和咽顶开口于咽外侧壁。咽后室为一新月形的咽后褶，分为上下两部，咽后褶的凸缘附着于咽后壁和两侧壁，凹缘游离面向前下方。咽腔位于此褶背侧的部分为咽隐窝，深约 6 cm。

软腭为咽前部含有腭肌和腭腺的黏膜褶，长约 13 cm，宽约 5 cm，腭扁桃体略呈卵圆形，位于咽峡侧壁，其表面有若干小突起。

3. 食管

食管长约 170 cm，口径 4～5 cm。初位于气管的背侧，到颈中部以后渐转到中线左侧，到胸腔入口则位于气管左侧，末端向后伸延，进入胸腔，在第 9～10 胸椎之下 10～12 cm 穿过横膈膜食管裂孔与第一胃相连。

4. 胃

关于骆驼胃的区分说法不一，有人认为骆驼的胃与其他反刍兽一样分为四室。有人认为美洲驼的胃分为三室。也有人认为骆驼的胃分为四室，但瘤胃、网胃、瓣胃和皱胃的形态、大小、位置与牛、羊不一样。骆驼瘤胃（第 1 胃）的腺囊区和网胃（第 2 胃）腺囊区及瓣胃（皱胃近侧 4/5 部分）的黏膜都衬以单层柱状上皮，固有层内含有腺体，因此不能将前三室（胃）作为前胃或食管囊。

（1）外部形态　骆驼为反刍兽，为多室混合胃，仅从外部形态看可分为三室，分界明显，依次分为第 1 胃、第 2 胃和皱胃。这 3 个胃约占腹腔总容积的 2/3，如图 1-13 所示。

①第 1 胃：第 1 胃最大，呈肾形，300～400 kg 的骆驼，容积约 60 L，位于腹腔左边的大部，并占据腹腔右边的一小部，前端抵肝和膈，后端达髋结节附近。在体表投影，前自第 6 肋，后到第 6 腰椎之下，详细见图 1-14。

在第 1 胃的右侧面和腹侧面有一横沟，此沟上端自贲门之前，向后下方延伸，经腹侧壁延续到左侧面。在横沟以上的第 1 胃的部分称为后上囊；位于横沟以下的部分称为前下囊。在前下囊的前端下 2/3 段和腹侧面呈带状隆起，为前腺囊区所在地，表面凹凸不平，为腺囊底部向表面突出所致。后上囊沿横沟附近呈舟状隆起，为后腺囊区所在地。

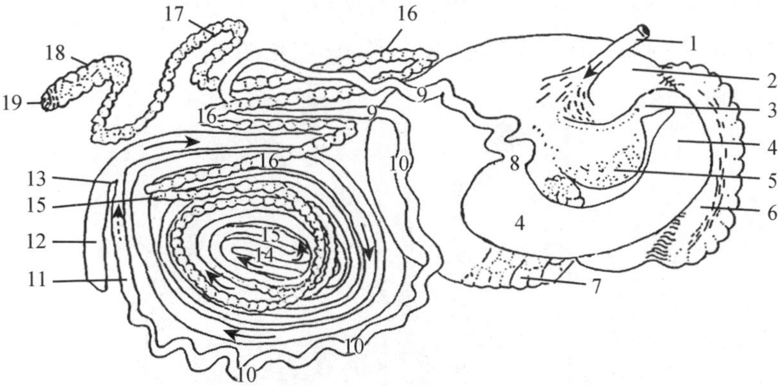

1. 食管　2. 第1胃　3. 胃颈　4. 皱胃　5. 第3腺囊区　6. 前腺囊区　7. 后腺囊区
8. 幽门　9. 十二指肠　10. 空肠　11. 回肠　12. 盲肠　13. 回盲结口　14. 结肠旋袢向心回
15. 离心回　16. 结肠终袢　17. 结肠系膜部　18. 直肠　19. 肛门

图 1-13　骆驼胃肠示意图

（引自：宁夏农学院，内蒙古农牧学院．养驼学．北京：中国农业出版社，1983.）

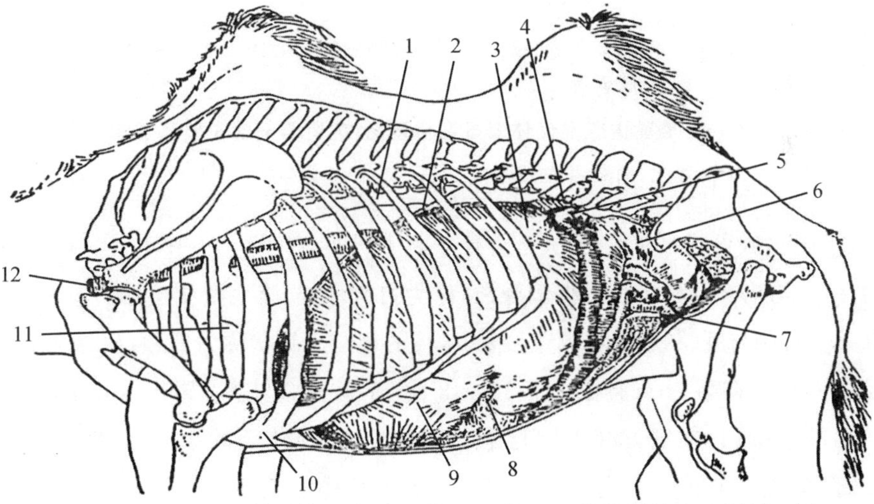

1. 主动脉　2. 膈　3. 前胃第一室后上囊　4. 脾　5. 结肠旋袢向心回第1圈
6. 结肠旋袢向心回第2圈　7. 结肠旋袢壁面　8. 横沟　9. 前胃第1室前下囊
10. 胸座　11. 心　12. 食管

图 1-14　骆驼内脏左侧体表投影示意图

（引自：宁夏农学院，内蒙古农牧学院．养驼学．北京：中国农业出版社，1983.）

②第 2 胃:第 2 胃小,呈椭圆形。容积为 2～3 L,在第 1 胃前下囊的右侧,位于右季肋区。背侧缘稍凹称为小弯,腹侧缘圆而凸称为大弯,后端有胃向沟与第 1 胃分开,前端与皱胃相连。在体表投影位于右侧肋弓之上,前自第 8 或第 9 肋中部向后到第 10 或第 11 肋的下部,详细见图 1-15。

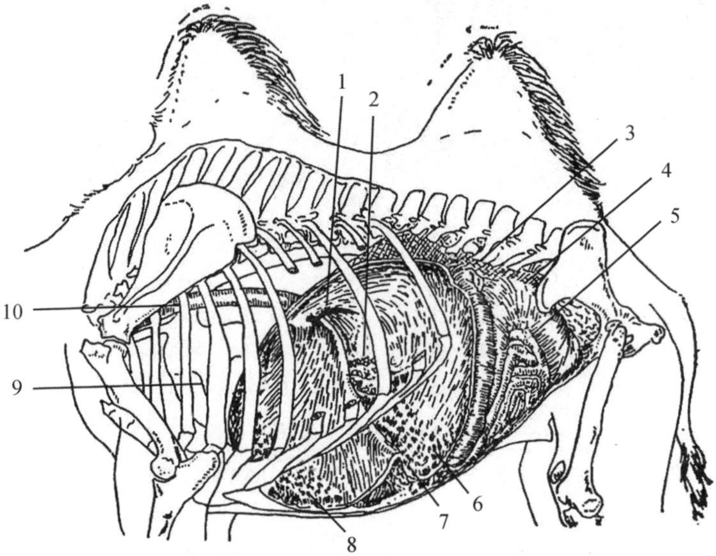

1. 食管沟　2. 第 3 腺囊区　3、4、5. 结肠旋袢向心回　6. 后腺囊区
7. 横褶　8. 前腺囊区　9. 心　10. 食管

图 1-15　骆驼内脏左侧体表投影示意图(前胃第一室左壁已切除)

(引自:宁夏农学院,内蒙古农牧学院 . 养驼学 . 北京:中国农业出版社,1983.)

③皱胃:皱胃略呈曲蚕形,大部分位于右季肋部,容积为 4～15 L。背侧缘凹,称为胃小弯,与第 2 胃相接触。腹侧缘凸,称为胃大弯,与腹底壁相接触。左侧与第 1 胃邻接。右侧与肝、膈和腹右侧壁接触,皱胃的起端呈管状称为胃颈,长 10～12 cm,口径 3～4 cm,在第 7～8 胸椎之下 14～18 cm,借皱胃口与第 2 胃相通,见图 1-16。

后端为幽门,在肝方叶内侧与十二指肠相连,在体表的投影在第 11～12 肋骨中部,见图 1-17。

(2)内部结构　第 1 胃内有食管沟、腺囊区和横褶,横褶的游离缘内含有发达的平滑肌束形成肉柱,肉柱的前端分为前后两支。后支形成第 1 胃与第 2 胃间的胃间口的前缘和上缘。横褶肉柱及其前支将第 1 胃内部分为一前下囊和一后上囊。

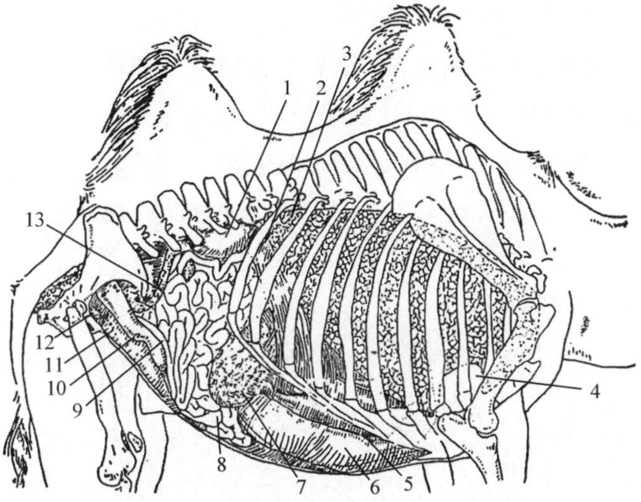

1. 右肾　2. 肝　3. 肺　4. 心　5. 皱胃　6. 第 1 胃　7. 皱胃后膨大　8. 空肠　9. 回肠　10. 盲肠　11. 结肠旋袢向心回　12. 膀胱　13. 结肠系膜部

图 1-16　骆驼内脏右侧体表投影示意图

（引自：宁夏农学院，内蒙古农牧学院．养驼学．北京：中国农业出版社，1983.）

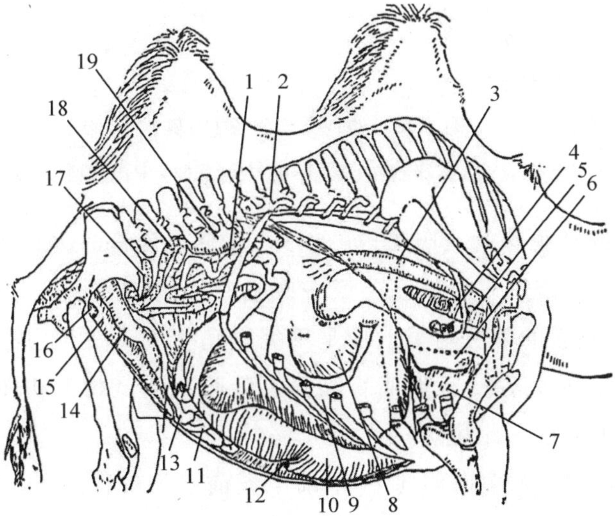

1. 十二指肠系膜部　2. 末肋　3. 食管　4. 奇静脉　5. 气管　6. 右心房　7. 右心室　8. 第 2 胃　9. 皱胃　10. 第 1 胃　11. 空肠　12. 横沟　13. 回肠　14. 盲肠　15. 结肠旋袢向心回　16. 膀胱　17. 结肠系膜部　18. 右肾

图 1-17　骆驼内脏右侧体表投影示意图（肺、肝和部分空肠已切除）

（引自：宁夏农学院，内蒙古农牧学院．养驼学．北京：中国农业出版社，1983.）

食管沟为由贲门延伸到皱胃颈间的一弓形沟道，长 40～50 cm，宽 2～2.5 cm，沿第 1 胃前下囊右侧壁和第 2 胃小弯向下向前伸延到皱胃口。食管沟的两侧壁由黏膜褶和来自胃壁肌层的平滑肌构成，称为前唇和后唇。后唇长而高(长约 45 cm，高约 3 cm)，行程微曲而不扭转，但与前唇一起能围成管状。前唇短而低(长约 25 cm，高约 0.5 cm)，未伸到皱胃口而中途消失，如图 1-18 所示。

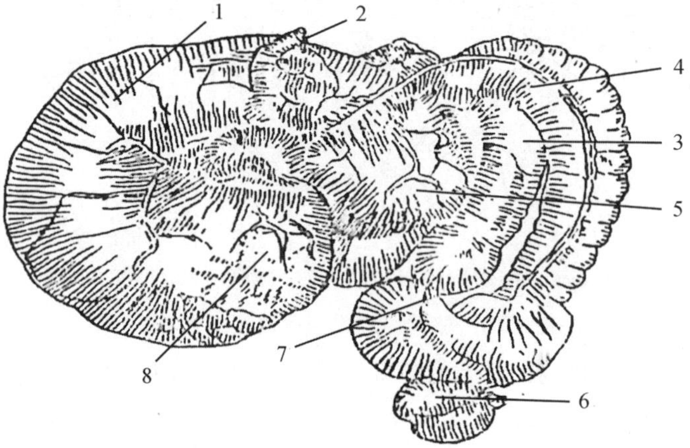

1. 第 1 胃　2. 食管　3. 前腺囊区　4. 皱胃　5. 第 2 胃　6. 十二指肠　7. 幽门　8. 后腺囊区

图 1-18　骆驼胃示意图(右侧)

(引自：宁夏农学院，内蒙古农牧学院．养驼学．北京：中国农业出版社，1983.)

第 1 胃内的黏膜除衬在腺囊内的以外，其余与食管的黏膜相似，色白而粗糙，无乳头样突起，因肌层收缩而形成一些临时性的黏膜褶。有人曾用电镜观察认为：牛瘤胃黏膜的复层扁平上皮是不完全角化的上皮，上皮下的基细胞含丰富的细胞器和许多液泡，证明瘤胃黏膜有吸收代谢产物的功能，驼第 1 胃非腺体区的黏膜可能也有此功能。

前腺囊区由贲门左侧向前向下，沿前下囊前壁呈带状分布，长 60～80 cm，宽 10～20 cm，有腺囊 60～70 个，腺囊下部大，上部小，由横行和纵向的黏膜褶相互接连形成。横行黏膜褶 20～25 条，略呈新月形，游离缘稍凹，内有发达的平滑肌束，由胃壁内层肌纤维聚集形成。纵向黏膜褶短而薄，连于横褶之间的纵褶一般为 4 条。横行和纵向黏膜褶内均含有自胃壁外层肌来的平滑肌束伸至褶的游离缘，腺囊成行分布，形似囊状，大者可装 1 个鸡蛋，小者可容纳 1 个鸽卵，在少数腺囊囊底，有稍隆起的低黏膜褶，将囊底分隔成 2～4 个小区，在腺囊壁上部和囊口及其附着于其上的虹膜样薄的黏膜褶，色灰白而粗糙，与非腺囊区的黏膜相似。腺囊壁下部和囊底及其低黏膜褶，色黄而柔腻，与皱胃的黏膜相似。

后上囊区沿第 1 胃后上囊右腹侧壁分布，在横褶肉柱的右侧，从内部看成一凹面的椭圆形，长 50～70 cm，宽 25～35 cm，共有腺囊 60～70 个，其结构与前腺囊区相似。

第 2 胃内的黏膜除小弯衬有与食管的黏膜相似处外（食管沟所经处），均为腺囊区，长 35～45 cm，宽 15～20 cm，共有腺囊 140～160 个，其结构与第 1 胃的前腺囊区和后腺囊区基本相似。横行黏膜褶粗而坚硬，且互相平行，有 12～14 条，以胃间口（第 1 胃通到第 2 胃的开口，其周径长 30～40 cm）为中心呈辐射状排列。纵向的黏膜褶短而薄，连于横行褶之间，在腺囊区中部，有 14～16 条，在腺囊区两端有 3～5 条，腺囊口稍小，但无虹膜样黏膜褶。腺囊底有高低不一的分为次级、三级和四级的黏膜褶，这些黏膜褶互相接连，并连于囊壁，致使每一腺囊被它们分隔为许多小腺囊，腺囊壁及其各级黏膜褶都含有胃壁肌层的平滑肌束，并伸至褶的游离缘，腺囊壁上部和腺囊口的黏膜与第 1 胃非腺囊区的相似，腺囊壁下部和腺囊底及其各级黏膜褶的黏膜与皱胃的黏膜类似。

皱胃内面的黏膜除在胃颈背侧壁（胃皱口及其背侧约 3 cm×5 cm 的一小片）与食管沟的黏膜相似以外，其余部分的黏膜占皱胃黏膜总面积的 73%～84%，薄而色黄，柔而滑腻，并形成 40～50 条纵行皱褶，宽 1.5～1.8 cm，长短不一，沿胃大弯延伸的长 80～100 cm，沿胃小弯延伸的长 25～50 cm，沿两侧壁延伸的长度介于两者之间。在胃颈左右两侧壁、腹侧壁、前端及胃小弯起部胃壁的黏膜褶较低，并互相吻合成网，网眼呈不规则的多边形，每一多边形的面积为 1～2 cm^2，在胃后端沿胃大弯及其两侧壁形成半圆柱状的黏膜褶，厚而呈灰褐色（固定标本），14～21 条，高约 1 cm，此区占皱胃黏膜总面积的 11%～20%，这些黏膜褶自幽门向胃体呈扇形展开。在胃后端沿胃小弯及其两侧壁和近幽门邻近的黏膜较平展而呈灰白色，形成三角形区，占皱胃黏膜总面积的 5%～7%。在胃小弯左侧靠幽门形成楔形隆起，称为幽门圆枕，其后端伸进幽门。

对骆驼胃的组织学研究证明：骆驼第 1 胃、第 2 胃的腺囊区大部衬以绒毛样的腺黏膜，其上皮为单层柱状，表面有呈漏斗状的胃小凹，与深部的管状腺相接，管壁由单层柱状黏液性细胞构成，与马和猪的贲门腺相比较，骆驼的这些腺体较短且直，是少分支的管状腺。固有层内除含有上述腺体外，还有浆细胞、嗜酸性粒细胞和少量肥大细胞，还有淋巴小结，有的伸入黏膜下层。第 1 胃和第 2 胃其余部分均衬以复层扁平上皮的黏膜，与食管的相似。

皱胃内黏膜近侧约 4/5 的部分，薄而呈灰色，其组织结构与第 1 胃和第 2 胃的腺囊区相似，全部衬以单层柱状上皮。

上述胃腺均属黏液性腺体，与猪的贲门腺相似，可分泌大量的 HCO_3^- 和少量的 PO_4^{3-}，以缓冲纤维素消化分解时所产生的副产物即挥发性脂肪酸，故驼类消化纤维素的能力较强。

驼类第 1 胃和第 2 胃开始作有力的收缩，即第 1 胃前下囊和后上囊收缩，再接着第 2 胃进行收缩，在第 1 胃后上囊本身收缩前不久，后上囊的腺部收缩，直至将腺囊内的内容物排出，后上囊收缩而发生反刍，前下囊收缩而出现嗳气。腺囊区肌肉的分布与它的功能密切相关，当腺囊底的肌肉和囊壁的垂直肌束松弛时，整个胃壁肌肉收缩将食物推进腺囊内。反之，若当整个胃壁肌肉松弛，而腺囊底的肌肉和囊壁的垂直肌肉收缩，则将腺囊内的内容物排出。腺囊口游离缘的肌束起着括约肌的作用，可关闭腺囊口将腺囊内的食物与胃腔内的食物隔开。

皱胃内黏膜的远侧约 1/5 部分为含有胃底腺和幽门腺的地区。胃底腺区的黏膜厚而形成半圆柱状的纵行黏膜褶，上皮为单层柱状，表面有 0.3 mm 的胃小凹，向深部分为两支或多支接腺体部。胃底腺位于黏膜固有层内，为一比较弯曲且分支的管状腺。

胃底腺由颈黏液细胞、主细胞和壁细胞组成。幽门腺区的黏膜较平，内含幽门腺，其形态和结构与其他家畜相似。

5. 肠、肝和胰

(1)小肠　长 27～33 m，分为十二指肠、空肠和回肠。

①十二指肠：长 200～260 cm。前端，在肝方叶内侧与幽门相连；后端，在结肠终襻腹侧缘前端靠近胃胰皱褶与空肠相连。十二指肠可分三段：第一段最短，膨大呈“乙”字形，称十二指肠膨大部，位于右季肋区。第二段最长，称十二指肠系膜部，借十二指肠系膜连接于结肠终襻的右侧面。第三段与结肠终襻缠结在一起。

②空肠：长 25～30 m，口径 4～6 cm，宽 50～70 cm 的空肠系膜连接于结肠

终襻腹侧缘前部和结肠旋襻蜗基面上半部的中央，卷曲成许多肠圈，位于右髂区、腰区和脐区。由于空肠系膜长，移动范围大，前可抵肝和胃，后可进入骨盆腔。

③回肠：长 30～50 cm，口径 4～5 cm，壁较厚，不圈曲成肠圈，在盲肠内侧借略呈新月形的回盲韧带连于盲肠小弯，在右髂区向后向上伸到回盲口。小肠壁内有 350～660 个淋巴集结，在回肠壁内较多，由此向前，逐渐减少，在十二指肠最少。

(2)大肠　大肠长约 15 m，分盲肠、结肠和直肠。

①盲肠：呈弧形的圆筒状肠管，不如马的发达，长 50～60 cm，口径 8～10 cm，容积 1～1.5 L，盲肠由腰区向下向前，经右髂区伸达脐区，起部与结肠和回肠相连，末端为盲端，凸缘游离称为盲肠大弯，凹缘有回盲韧带附着称为盲肠小弯。盲肠上部，位于腰区，在第 6～7 腰椎的腹侧，其起端借盲结韧带与结肠起端一起连接于结肠终襻后端和右肾后部，位置较固定。中部在右髂区位于结肠旋襻向心回第 1 圈与空肠之间。下部在脐区。

回盲结口在腰区左肾后部内侧，位于盲肠小弯起端，回肠经此与盲肠和结肠相通。盲肠的环形肌束形成括约肌，回盲结瓣为一内含肌束的环状黏膜瓣，附着于回盲结口。

②结肠：长 13～16 m，分结肠旋襻、结肠终襻和结肠系膜部。

结肠旋襻略呈蜗壳状，又称结肠蜗壳，在结肠终襻的后下方和左侧，位于腰区左髂部、左腹股沟区、耻骨区和脐区。蜗顶面，圆而平，朝向后下方，并向左侧倾斜，与腹底壁及腹左侧壁后部接触，蜗基面凹凸不平，朝向前上方和右侧，并与第 1 胃、左肾、脾、结肠终襻、小肠、盲肠、结肠系膜部、膀胱和子宫角相接触，构成结肠旋襻的肠管，分为向心回和离心回，从蜗顶面看，向心回位于第 6～7 腰椎下 7～10 cm 处，在左肾后部腹内侧，继承盲肠，反时针方向旋转 4～5 圈，到蜗顶而移行为离心回。离心回由蜗壳顶向相反方向旋转 3～5 圈，到蜗基面移行为结肠终襻。向心回第一圈粗而长，借一宽约 20 cm 的回向韧带与第二圈相连，形成蜗壳的外周圈，以后各圈逐渐缩小。离心回排列不如向心回整齐，在蜗基面中部借疏松结缔组织互相连接在一起。在向心回第一圈前半部的黏膜有憩室 10～20 个，大小不一，呈圆形或椭圆形，充满粪时，则呈乳头状隆起。在盲肠和回盲结口附近，也有一些上述的憩室。

结肠终襻又称结肠纡曲部，长 250～300 cm，口径 3～4 cm，在右季肋区、腰区和耻骨区，背侧缘在 1～6 腰椎之下，附着于后腔静脉、左肾。其左侧面一部分在 1～4 腰椎下附着于第 1 胃后上囊。结肠终襻在此来回纡转为 5 段，借结缔组织与十二指肠的第三段和胰相连在一起。第五段在结肠终襻右侧面向前伸延，约在第 4 腰椎之下，于右肾后端内侧，向上转折而移行为结肠系膜部。

结肠系膜部长 60～100 cm，口径 4～8 cm，在腰区借一宽 15～25 cm 的结肠系膜沿第 4 腰椎之后，在中线右侧，附着于腹顶壁。由于系膜宽，活动范围大，常形成一些肠襻，在结肠旋襻和终襻右侧与空肠圈一起位于腰区、右髂区、右腹股沟区和耻骨区，如图 1-19 所示。

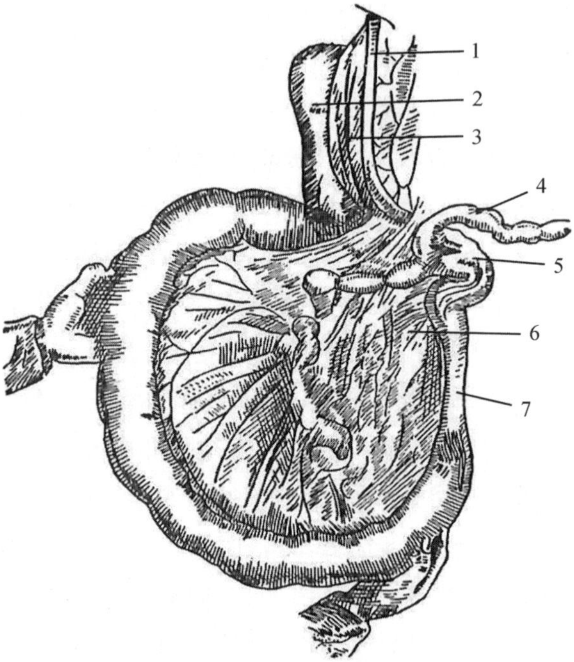

1. 回肠　2. 盲肠　3. 回盲韧带　4. 结肠终襻起站　5. 回盲结口
6、7. 结肠旋襻向心回

图 1-19　骆驼结肠旋襻基部示意图

（引自：宁夏农学院，内蒙古农牧学院．养驼学．北京：中国农业出版社，1983.）

③直肠：长 20～25 cm，口径 8～10 cm，不形成壶腹，直肠后半段位于腹膜腔之后，前半段腹侧面及两侧面盖以腹膜。背侧面与骨盆顶壁借结缔组织相连，腹侧面在母驼为子宫、阴道、膀胱、输尿管和尿道；公驼为膀胱、尿生殖褶、前

列腺、输精管、输尿管、尿道骨盆部和尿道球腺。左右两侧为荐坐韧带、尾骨肌和肛门缩机。

④肛门：肛门外括约肌发达，在肛门管与直肠之间有一环状黏膜褶，当肛门收缩时，这些环状黏膜褶周围增厚形成肛门内括约肌。

(3)肝　较发达，重 5.5～13.5 kg，色深褐而质脆，略呈三角形，在膈之后，位于右季肋区。前下角伸至第 6 肋间隙下端；后上角伸达第 12 肋骨上半部之后 2～3 cm，并有肾的压迹；外侧角伸达第 10 肋骨下端，有时伸至肋弓之下。内侧有腔静脉凹，内有后腔静脉。后外侧薄而锐。前外侧呈锯齿状，在其中部有脐切迹，有镰状韧带，由此连接于膈及腹底壁之间。壁面凸与膈相接触；脏面凹凸不平，有肝门、一些沟裂和胃肠压痕。

肝可分为左叶、中叶和右叶，分叶不明显。左叶位于脐切迹以下的部分，位于脐切迹上方的切迹及由此切迹斜经肝脏面中部将中叶分为方叶和尾叶。尾叶位于方叶的背内侧，其后上部小，称为尾状突；前下部大，称为乳状突。驼肝含有较丰富的结缔组织，肝小叶明显，汇管区(门管)富有弹性纤维，在中央静脉周围有纵行排列的胶原纤维。骆驼无胆囊，肝管长约 8 cm，自肝门伸出，外经胃胰皱褶，与胰管汇合，在幽门后 30～35 cm 开口于十二指肠第二段的起端。

肝韧带：冠状韧带连于肝内侧缘与膈之间。后上韧带连于肝后上角与膈及其右角之间。肝肾韧带连于肝后上角与右肾之间。前下韧带连于肝内缘中部与膈之间。镰状韧带不发达，连于肝壁面中部与膈及腹底壁之间。肝圆韧带包于镰状韧带的游离缘。肝圆韧带在老龄驼常消失。

(4)胰　重 250～320 g，呈肉红色，在最后胸椎至第 5 腰椎之下，可分为胰体、左叶和右叶。胰体在肝门之下，位于胃胰皱褶之内，门静脉由其中穿过。左叶薄而狭长，沿结肠终襻左侧面，自胰体向后伸延，约于第 5 腰椎之下到左肾外侧缘中部。右叶短而宽，略呈长方形，沿结肠终襻右侧面，由胰体向后伸延到右肾内侧缘中部。

胰管：由胰左叶和胰右叶穿出的两支合成，在胰体中汇合于肝管。

(5)小网膜、大网膜和胃胰皱褶

①小网膜：厚而不呈网状，在第 2 胃的右侧连于肝、皱胃及十二指肠膨大部之间。上缘凹，附着于肝门；下缘凸，附着于皱胃右侧面。它的后端与胃胰皱褶相连。

②大网膜：薄而呈网状，在腹右侧壁内侧形成网膜囊，盖于第 1 胃后上囊、空肠和盲肠。囊口附着线由皱胃体左侧开始，顺次经皱胃后膨大的左侧面、幽门部后缘、胃胰皱褶腹侧缘、结肠终襻前部腹侧缘、结肠终襻后部左侧面、十二指肠和胰左叶后端左侧面、脾门，第 1 胃后上囊后部、后腺囊区腹侧缘、第 2 胃左侧面、胃颈和皱胃前膨大的左侧面，接到皱胃体左侧面。网膜孔呈裂隙状，在肝尾叶腹侧，位于肝尾状突、后腔静脉与胃胰皱褶之间。

③胃胰皱褶：连于肝、结肠终襻与皱胃幽门部及十二指肠膨大部之间。背侧缘前半部在肝尾状突之前附着于肝门；后半部在肝尾状突之下为游离缘，形成网膜孔的腹侧缘。腹侧缘附着于皱胃幽门部和十二指肠膨大部。前与小网膜连接，后与结肠终襻相连。其内有胰体、胰管、肝管、门静脉及分布于肝和胃的血管神经等。

四、骆驼的呼吸系统

呼吸系统包括鼻腔、咽、喉、气管、支气管和肺。

鼻孔小而呈裂隙状。在鼻内侧翼后上部约 4 cm 处，上鼻甲前庭部的黏膜褶上有鼻泪管的开口。鼻腔较窄，鼻隔软骨前端凹与膜性中隔相连。上鼻甲大，下鼻甲小。筛鼻甲较大，呈泡状伸延到上鼻甲与下鼻甲之间。

喉较长，声门裂宽大，喉腔较狭窄，喉侧室不发达而呈裂隙状，无喉小囊。

气管由 80 个呈“C”形软骨环构成支架（颈部 55 个，胸部 25 个），沿颈部腹侧中线向后伸到胸口前，稍偏到中线之右进入胸腔，到第 4 肋间隙上部相对处，分为左右两支气管。在气管分支前先分出一动脉上支气管，分支于右肺尖叶。

肺与马的相似，分叶不明显，右肺也有中间叶。肺小叶间，结缔组织丰富，故肺小叶分界明显。

在胸腔内胸纵隔较致密，完整无孔。胸膜颈突在右边由胸前口突出于第 1 肋骨前缘一短距离。

驼的甲状腺由两叶、一峡构成，位于气管前端第 1～4 枚软骨环的两边及腹面。每叶呈卵圆形，紫褐色，借结缔组织附着于气管上。甲状旁腺包埋在甲状腺的前端，甲状腺的滤泡呈不规则形，有些呈管状，有些滤泡分支，其大小不一，由单层立方上皮细胞围成，滤泡腔内有类胶质，小叶间和滤泡间结缔组织较少。

五、骆驼的泌尿系统

泌尿系统包括肾、输尿管、膀胱和尿道。

肾与马相似，属表面平滑的单乳头肾。右肾靠前略呈三角形，位于第 2～4 腰椎右侧横突的下方，前端凸而圆，突入肝的肾压迹、抵第 2 腰椎横突的前缘，后端达第 4 腰椎横突的前缘。左肾呈蚕豆形，位于第 4～7 腰椎横突左侧的下部，外侧缘凸而圆，并借脾肾韧带与脾门相连。

驼肾不分叶，有明显的肾嵴。肾盂的游离缘形成一系列有裂隙的扶壁，与肾锥体相连。肾动脉在肾门分成背侧支和腹侧支，分别分布于肾盂的各边。这些动脉的主要行程是沿着肾嵴方向伸延。叶间动脉主要沿着扶壁伸延，弓形动脉分布变化较大，且广泛分支。骆驼和一些沙漠动物的肾髓质较宽厚，肾单位的亨氏襻细段和粗段均较牛的长。

左肾上腺略呈舌形，位于左肾前端的前方，其后端有一扁圆形的副肾上腺，直径约 1.5 cm。

右肾上腺呈半月形，位于右肾内侧缘前部附近。尖端向后向内，基部向前，基部前端附着一副肾上腺，呈玉米粒大，直径约 0.5 cm。

输尿管、膀胱和尿道无特异点。

六、骆驼的生殖系统

1. 母驼的生殖系统

母驼的生殖系统包括卵巢、输卵管、子宫、阴道及尿生殖前庭等。

(1)卵巢　卵巢位于子宫角尖端，借卵巢系膜悬于腹腔髂区及耻骨前缘附近，随胃肠的饱满程度移动，呈椭圆形，无排卵凹，借卵巢蒂悬挂于卵巢系膜和卵巢固有韧带。在无卵泡及黄体时，左侧卵巢长 3.2～3.5 cm，宽 2.1～2.5 cm，厚 0.8～1.4 cm；右侧卵巢长 2.8～3.5 cm，宽 2.2～3.0 cm，厚 0.6～1.2 cm。母驼卵巢的组织结构与牛的基本相同，卵巢质地柔软，卵巢蒂长 1.2～2.0 cm，直肠检查时可用手夹住，以固定卵巢，进行触诊。

(2)输卵管　输卵管为一曲折形的管道，长 20～25 cm，卵巢囊很大，分为外囊和内囊，输卵管的卵巢端开口于卵巢囊的外囊底壁，整个外囊可看作输卵管的喇叭口，输卵管微发达（实为外囊壁褶成）；输卵管与子宫角前端之间界线明显，开口于子宫角前端的高约 0.5 cm 的黏膜乳头上，管内黏膜上皮为一层高柱状的细胞，有的地方为假复层上皮。部分细胞的游离缘有纤毛。

骆驼的卵巢冠明显，为一包于子宫阔韧带和输尿管皱褶内的细管，沿输卵管背侧约距 1 cm 的地方，并与之平行，蜿蜒向前延伸。自子宫角前端上缘以盲端起始，向前延伸到卵巢内囊外侧壁，到卵巢蒂，逐渐变细至最终消失。它是中肾收集小管（沃尔夫氏体）的退化遗迹。

（3）子宫　母驼子宫从外部形态看属双角形，从内部看为对分型。在活体上，子宫角松弛时，左侧角稍向下弯，右侧角不弯曲。故子宫呈“T”形。若稍收缩时，左右角均稍向下弯曲，呈羊角状。在强烈收缩时，两角均急剧向下弯曲，与牛的相似，如图 1-20 所示。

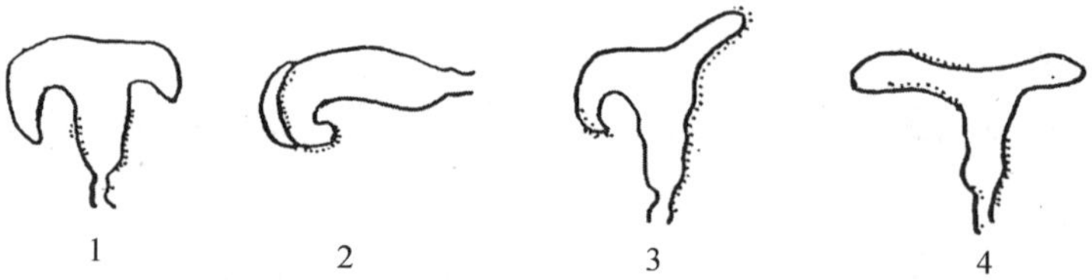

1、2. 二角均收缩（2 为侧面观）　3. 左角收缩　4. 二角均松弛

图 1-20　母驼子宫的形状示意图

（引自：宁夏农学院，内蒙古农牧学院．养驼学．北京：中国农业出版社，1983.）

子宫角呈圆管状，位于腹腔，左侧子宫角较右侧角长 1～4 cm。初生驼羔，左侧子宫角也较右侧长 0.4～1.5 cm，左侧子宫角较右侧的宽大，胎儿几乎全在此子宫角。子宫颈柔软，子宫颈管宽约二指。

子宫体位于腹腔，长 8.5～9.5 cm，背面无角间沟，在其内部的黏膜从子宫底向后形成一纵隔，将子宫体的大部对分为二。纵隔长约 6 cm，故实际体长为 2.5～3.5 cm，因此将驼的子宫列为对分型为宜。

子宫黏膜与马相似，无子宫阜，黏膜上覆有柱状上皮；固有层内有分支管状腺，腺上皮也为柱状细胞，驼的胎盘为弥散型。

子宫颈位于耻骨前缘附近，长 5.0～6.5 cm，直径 3～4 cm，质地柔软，因宫颈短，直肠检查时不易摸到。子宫颈内的黏膜有 3～4 个高 0.5～1.0 cm 的环状皱褶，其前部游离缘为伞状，构成子宫颈内口。它们由前向后逐渐升高，最后的一个皱褶高约 1 cm，向后稍突起，构成子宫颈外口，此外黏膜还形成许多小皱褶。上皮为高柱状细胞，有的呈分泌相。

子宫颈阴道部长 1～1.5 cm，上部较下部明显，其直径 2～2.5 cm。

(4)阴道及尿生殖前庭

①阴道：长 25～30 cm，位于骨盆腔中，呈上下压扁的短管，其背侧为直肠，腹侧为膀胱及尿道。阴道前部宽，后部窄，围绕子宫颈阴道部，常有一至数圈宽大的环状皱褶。在子宫颈外口有纵行向后的黏膜褶。阴道前部的黏膜呈网格状，在阴瓣之前纵行皱褶末端形成数个肉垂。

②尿生殖前庭：为阴瓣以后的一段，长 5～7 cm，黏膜呈粉红色，尿道外口开口于阴瓣之后。前庭大腺发达，开口于尿道外口后约 3 cm 的前庭侧壁的 2～3 个憩室中，尿道下憩室与牛的相似，深 4～5 cm，给母驼导尿时应注意。前庭黏膜下有发达的海绵体，并与尿道海绵体及阴蒂海绵体相连。

③阴门：为尿生殖前庭的外口，位于肛门下方。阴门由左右两阴唇上下相连构成，两唇间的裂缝为阴门裂，长 4.5～6.5 cm，在阴门裂下有阴蒂窝，内有阴蒂。

(5)子宫阔韧带　自腰下及骨盆侧壁连系卵巢、输卵管及子宫的左右两幅宽带，其内肌层发达。它的前部较厚，含蔓状血管丛，连于卵巢的部分为卵巢系膜，连于输卵管的部分为输卵管系膜。输卵管系膜由卵巢蒂后方绕到外侧，到子宫角尖端，向下形成一个兜状的囊袋称卵巢囊，囊的内侧面为卵巢固有韧带，外侧壁为输卵管系膜共同围成，再由外侧壁分出一皱褶形成一隔，将囊分为内外两部分，即外囊深内囊浅。输卵管沿内囊底壁蜿蜒向后伸延到子宫角尖端。在阔韧带外侧形成一黏膜褶，游离缘内含一纤维索称为子宫圆韧带，很发达，由子宫小弯中部走向腹股沟管内口附近。

左侧子宫阔韧带较右侧的长而宽，因此左侧卵巢活动范围大，直检时很难摸到。

(6)生殖器官动脉　母驼生殖器官的动脉特点是每侧有子宫卵巢动脉和子宫后动脉，没有子宫中动脉。

子宫卵巢动脉在腹主动脉末端前 6～7 cm，于肠系膜后动脉前方，由腹主动脉腹面分出，两侧的动脉有一共同主干或分别分出子宫卵巢动脉，在子宫阔韧带前部盘曲向下延伸，形成蔓状丛，在未到卵巢前分为数支，一支分布于卵巢称为卵巢动脉，一支走向子宫角前端称为子宫前动脉，并沿小弯向后行，与子宫后动脉吻合，另外有些小支分布于卵巢囊、输卵管。

子宫后动脉为尿生殖动脉主干的延续，除分出阴道动脉、膀胱前动脉、膀胱中动脉、输尿管支外，在子宫阔韧带中，沿阴道前部、子宫颈、子宫体及子宫角小弯蜿蜒前伸，沿途除分支分布于这些器官外，与子宫前动脉吻合。

尿生殖动脉（包括子宫后动脉的起端在内）的特点是由尿生殖动脉起端到阴道的这一段，由上向后向下延伸，短而游离，直肠检查时易摸到，并能用手捏住，如图 1-21 所示。

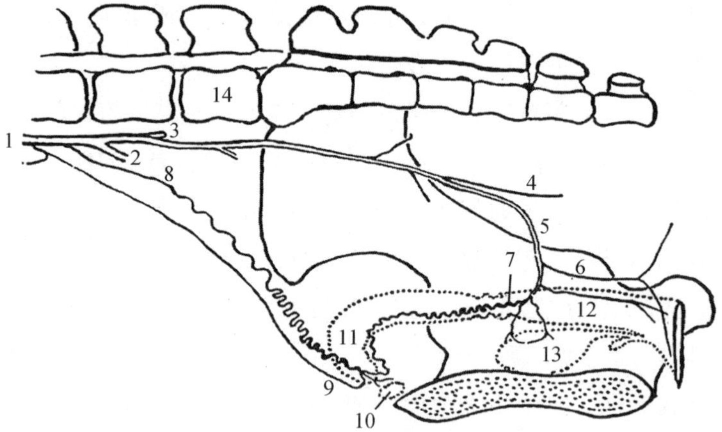

1. 主动脉　2. 髂外动脉　3. 髂内动脉　4. 臀后动脉　5. 尿生殖动脉
6. 会阴阴蒂动脉　7. 子宫后动脉　8. 子宫卵巢动脉　9. 返回支　10. 卵巢
11. 子宫角　12. 阴道　13. 膀胱　14. 第 7 腰椎

图 1-21　母驼生殖器官动脉示意图

（引自：宁夏农学院，内蒙古农牧学院．养驼学．北京：中国农业出版社，1983.）

（7）生殖器官神经　由盆神经和腹后神经的分支构成。盆神经由第 2 和第 3 荐神经的腹侧支构成，分为一前支和一后支，前支与肠系膜后神经丛来的腹后神经，在阴道前部和直肠侧壁，形成子宫膀胱丛，其中有数个小神经节，其分支随子宫后动脉、膀胱中动脉、膀胱前动脉，分布于子宫体、子宫角、膀胱和输尿管。后支与子宫膀胱丛来的神经支交织成网，在阴道后部和直肠后段侧壁，分支分布于直肠后部、肛门内括约肌、阴道后部和尿生殖前庭。

2. 公驼的生殖系统

公驼生殖器官包括睾丸、附睾、阴囊、输精管、精索、前列腺、尿道球腺、阴茎、包皮和尿道，如图 1-22 所示。

（1）睾丸、附睾及阴囊　睾丸略呈豆形，位于阴囊内，成年公驼的睾丸左侧为 8 cm×5 cm×4 cm，右侧为 7 cm×5 cm×4 cm，下缘凸为游离缘，上缘稍平为附着缘。外侧面稍凸,有一狭隙为附睾窦。睾丸由下向后向上倾斜。附睾发达,贴于睾丸的背侧,头向前下方,尾朝上方,与猪相同。阴囊小,在耻骨腹侧,位置较后,向外突出不明显。肉膜呈粉红色,不发达。阴囊韧带也不发达。

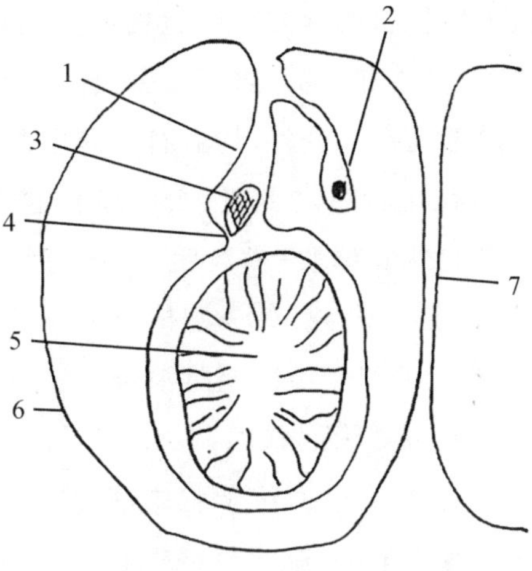

1. 睾丸系膜 2. 输精管 3. 附睾 4. 附睾窦 5. 睾丸
6. 壁层鞘膜 7. 阴囊中隔

图 1-22 公驼阴囊横切面示意图(通过中部)

(引自:宁夏农学院,内蒙古农牧学院. 养驼学. 北京:中国农业出版社,1983.)

(2)输精管及精索 精索为一显著的腹膜褶,呈扁带状,睾丸提肌不明显,前部内含蔓状血管丛。输精管在后部,包于独自的皱褶内,全长较细,壶腹不明显,其开始一段细而弯曲,末端 15～18 cm,管壁增厚,形成壶腹,在前列腺的一沟中伸延一短段,逐渐变细,穿过尿道前列腺部的背侧壁,开口于精阜。壶腹的黏膜衬以假复层柱状上皮,黏膜下层富有管状腺,由柱状细胞和基底细胞构成。柱状细胞游离缘有刷状缘,胞质嗜酸性,核上区有嗜酸性的颗粒。腺管直接开口于输精管腔内。壶腹腺体的细胞基部有核糖核酸、酸性及碱性磷酸酶、琥珀酸及乳酸脱氢酶,可能分泌含碳水化合物与蛋白质复合物的分泌液。

骆驼腹股沟管较狭窄,故腹股沟疝气较少见。

(3)副性腺 公驼的副性腺有前列腺、尿道球腺,但没有精囊腺。

①前列腺:分为体部和扩散部,为管状腺。体部发达,位于尿道骨盆部起端的背侧面,前部游离并向前伸,盖于膀胱颈的背面,色灰白而呈圆盘状;后部与尿道骨盆部起端融合,扩散部小而不发达,为位于尿道骨盆部前列腺段的腺体

部分(在公牛和公猪前列腺扩散部分布于尿道骨盆部的全长)。骆驼前列腺体部的实质被来自尿道肌层的细索分隔,形成扩散部,即在精阜的前方背侧部。前与体部相连,后有一斜行小隔与尿道腺分开,前列腺结构较疏松,分叶明显,属管泡状腺。分泌部由单层柱状或立方状细胞构成,在胞质核上分布有丰富的颗粒。其排出管衬以移行上皮,有15～20条,多数开口于精阜,有些开口于精阜的侧面。体部除与扩散部连接部分外,均盖有一薄层横纹肌。

②尿道球腺:有2个,在坐骨弓之上,位于尿道骨盆部末端的背侧缘,色灰黄,略呈圆形,外盖有较厚的球腺体肌(横纹肌)。球海绵体肌继尿道肌起于两尿道球腺之间,且部分为此肌所覆盖。每一腺体有一长约2 cm的导管,向后斜穿过尿道骨盆部尿道背侧壁,开口于2阴茎脚汇合处、尿道背侧壁黏膜上的"V"形隐窝中。骆驼的尿道球腺为复管泡状腺,其分泌部为A、B、C三型。A型由单层高锥体或柱状细胞构成,核扁平而位于胞质基部,胞质嗜碱性;B型由单层立方细胞构成,核圆,位于胞质基部,胞质呈淡红色;C型在同一分泌部有A型和B型的两型细胞即混合型。A型为高度活动的黏液腺,而B、C型为静止型。骆驼的尿道球腺有明显的季节性变化,在发情季节,A型较多,在休情期B型居多,但未见有完全不活动者。

(4)阴茎及包皮　公驼的阴茎和公牛相似,也有一"S"弯曲,阴囊位于"S"弯曲之后,阴茎最前端是阴茎头,为向右向下再向左弯曲成一钩状的结构,内含一钩状软骨。钩的小弯在上,其中有一向前突出的扁管,为尿道突,长3～4 mm。

包皮为黏膜及皮肤形成的套鞘,呈三角形,在黏膜下为交错的肌纤维与结缔组织形成的肌纤维膜,包皮口向下向后,包皮腔长12～17 cm,直径最宽处2～3 cm,前部窄,后部宽,排尿时尿液先排到包皮腔内,然后再排到体外,因此是向下向后排尿的。作用于包皮的有两条呈扁带状的包皮后退肌和三条包皮前拉肌。公驼性交时,包皮前拉肌收缩,阴茎可向前挺出。

(5)尿道　公驼的尿道与公牛的相似。在尿道骨盆部前端背侧壁的内面,有一纵行正中隆起即为精阜,其上有输精管和前列腺的开口。由精阜向后有一正中嵴,至尿道骨盆部中部消失。在此嵴两侧各有1～3条纵行的黏膜皱褶,嵴与皱褶之间有尿道腺的开口。

尿道骨盆部除盖有尿道肌外,还包有一层尿道海绵体,除位于尿道骨盆部前列腺段的前列腺扩散部外。尿道腺发达,由前列腺后端不远向后伸延到尿道球(又称阴茎球)的一段,结构较前列腺扩散部致密,小叶不明显。属管状的尿道腺,由锥形上皮细胞构成,核圆,位于胞质基部,胞质嗜碱性。其排出管衬以移行上皮,开口于精阜后尿道的黏膜嵴(为由精阜向后的一正中嵴)与皱褶之间。

尿道阴茎部除大部盖有球海绵体肌外,还有尿道海绵体,它为 2 条管道,位于尿道腹面二侧,管道内为一些小梁分隔,有些地方两管道壁合成一层。2 管道至阴茎前端都形成海绵腔,骆驼阴茎是介于海绵型与纤维型之间的中间型。

七、骆驼的循环系统和神经系统

1. 心脏

心脏位于胸腔纵隔中,偏于中线左部,心基借大血管及结缔组织固定于第 2～5 胸椎之下,心尖较尖,由胸骨心包韧带连结于胸骨第 6 胸骨节的背面。心的前缘约与第 2 肋间隙或第 3 肋相对,后缘约与第 6 肋或肋间隙相对。心肌约在末肋与肋软骨连接点与第 1 肋中点连线的水平线上,大致在通过胸腔高度连线中点的水平线之下,如图 1-23 所示。

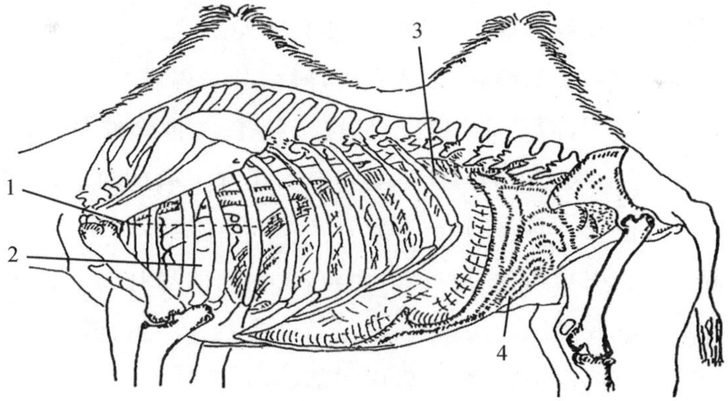

1. 肩关节水平线　2. 心脏　3. 瘤胃　4. 结肠

图 1-23　骆驼左侧解剖示意图(示心脏位置)

(引自:宁夏农学院,内蒙古农牧学院. 养驼学. 北京:中国农业出版社,1983.)

左右心室的心肌柱发达,心横肌在左心室内有 4 条,右心室内有 1 条。左心房的右上部有肺静脉的 2 个开口,右心房除前、后腔静脉开口外,在背侧壁有奇静脉的开口。

2. 临床上常用的血管

(1)颈静脉　左右各 1 条，在下颌骨支后缘的后下方，腮腺的右上角由颌内静脉和颌外静脉组成，并连接颅枕静脉。在颈前部位于皮下，向后伸至第 3 颈椎横突前支以后，逐渐移至颈沟(颈椎横突及横突间肌在颈腹侧的沟)。位于气管与颈沟外侧壁之间，腹侧被胸头肌所覆盖。颈总动脉位于颈静脉的背侧，与迷走交感干并行。颈沟有保护颈部血管、神经、气管、食道等作用。静脉注射在颈前端第 3 颈椎横突前支前为宜。

(2)面静脉　在鼻唇提肌覆盖之下，由鼻额静脉、鼻背静脉、鼻外静脉和眼角静脉，在上颌骨外侧，眶下孔前上方低凹处汇合而成，行经颧骨肌、颧肌深面，沿咬肌外侧面，延伸至下颌骨角汇入颌外静脉。鼻额静脉引导额窦、额部、经额骨前部向前向下延伸，到鼻骨后部外侧汇入面静脉，眼角静脉较小，在额皮肌和颧骨肌覆盖之下，由眼内角向下向前延伸，到眶下孔外侧注入面静脉。鼻背侧静脉较粗，在鼻唇提肌覆盖之下，由鼻孔背侧向后延伸，到上颌骨外侧面，眶下孔前上方低凹处汇入面静脉。眶下静脉很小，出眶下孔汇入上唇静脉。上唇静脉为引导颊和上唇的静脉血，到眶下孔附近汇入面静脉。

(3)面横静脉　在颧弓腹侧，行经咬肌上部表面，与同名动脉平行，在腮腺覆盖之下，连接下颌关节的静脉，汇入颌内静脉；耳大静脉为来自耳后肌和耳壳的血液，在腮腺聚盖下，向下经头最长肌的起点腱、头前斜肌外侧，到寰椎翼外侧与耳后静脉一起汇入颌内静脉。下唇静脉为引导下唇的血液，在面皮肌覆盖之下，沿下颌骨外侧面，向后伸延至下颌骨角汇入面静脉。

(4)隐静脉　为引导跗关节内面的血液，为跗内侧静脉向上直接的延续，到小腿中部，在跟腱与胫后肌之间，即在跟结节之上约 10 cm，再沿小腿后内侧缘向上向内，经膝关节屈面，到大腿内侧面中部，至耻骨肌止点附近，汇入股静脉。

(5)隐动脉　发达，在大腿内侧面中部由股动脉分出，在皮下，沿隐静脉及隐神经之后，在膝关节内侧后部，沿胫骨与腓肠肌之间向下伸至小腿中 1/3 与下 1/3 交界处，再沿胫后肌的后面与跟腱之间，到小腿下端，跟结节之上约 1 cm，分为一跗内侧动脉和一跗外侧动脉。胫前动脉为继承腘动脉在胫骨后外侧、趾外侧伸肌、腓肠肌、趾深屈肌和腘肌的深面，斜向前向下，沿胫骨前部外侧，向下向外，绕经跟结节外侧面，在跟结节跟腱之间与隐动脉吻合。

在驼前足和后足的血管神经分布，与牛基本相似。

3. 血液的组成与功能

(1)血细胞的形态及数目　红细胞呈卵圆形，长径 7.5～8 μm，短径 3.5～4.5 μm。总数为 10 百万/mm^3～15 百万/mm^3。红细胞比容为 40%，在 0.2% 的低渗食盐溶液中，才开始溶血，在其溶解前，体积可膨大到原来的 196%。血红蛋白的含量为 15.2 g/100 mL。骆驼红细胞的大小见表 1-8。

表 1-8　骆驼红细胞的大小

性别	长度/μm		宽度/μm		面积/μm^2
	平均	范围	平均	范围	
骟	8.38	7.75～9.23	4.66	4.69～5.63	39.05
母	8.53	7.26～9.35	4.37	3.20～5.66	37.28

骆驼白细胞总数为 24 千/mm^3，骆驼白细胞种类及其数量见表 1-9。

表 1-9　骆驼白细胞种类及其数量　　%

项目	嗜碱性粒细胞	嗜酸性粒细胞	嗜中性粒细胞			淋巴细胞	单核细胞
			幼稚型	杆状核型	分页核型		
平均数	0.5	8.0	1.0	6.5	47.6	35.0	1.5
变动范围	0.1～1.0	2.0～18	0.5～4.0	2.0～8.0	40～78	16～49	0～3.0

(2)血液的化学成分及特性

①血凝的速度：在 25 ℃条件下，12 min 全凝，公驼血液为体重的 1/25～1/20，母驼为 1/23～1/20，比重为 1.050 5，氢离子浓度为 7.549。

②血液的化学成分：水 81%，灰分 0.6%，碳酸 55%～60%，每百毫升血浆中含钾 14 mg，镁 5 mg，血糖 130 mg，乳酸 7 mg。

(3)红细胞的生理特性　根据对骆驼红细胞在脱水条件下的研究，认为驼类红细胞具有抵抗渗透性溶血的巨大能力。在单位容积内较其他家畜的红细胞可多携带氧约 50%，在 20%高渗盐水中，仅细胞膜有些歪斜，在 0.2%低渗盐水中，可见溶血，其溶血前体积可增大一倍，而其他家畜，其体积只增大半倍以下就可见溶血。骆驼的血红蛋白平均值在 40%以上，而其他家畜仅为 33%；骆驼的红细胞含水量虽低，但与水的结合力和氧的亲和力都较高。骆驼的红细胞呈卵圆形，薄而平滑，较其他家畜圆而厚的红细胞抗渗透性能力强，且当血液因脱水浓缩时，不易阻塞微血管。在炎热缺水的沙漠中，其他家畜常因血容量减少，黏度增大或因易阻塞微血管，而致血液循环过度减慢，因而不能很好地散热，致使积热过多而死亡。

骆驼在较长时间脱水条件下仍能够生存，其红细胞起着很重要的作用。对成年骆驼的皮肤进行活组织检查，可见骆驼皮下的微血管壁特别厚而管腔很狭窄。电镜下微血管壁由内皮细胞包围，其管腔好似内皮细胞间的裂隙，内充有压缩的红细胞，内皮细胞核大而胞浆丰富，胞浆内有丰富的线粒体，沿胞浆边缘分布，还有吞饮泡，但未见微血管壁有窗孔。这些形态构成说明，微血管内的液体成分到组织间隙是通过细胞流出的。其次在微血管的外面围有一薄层胶原纤维，再围以基质。因此，认为骆驼皮下具有厚壁的微血管，在机体严重脱水时可防止血管内水分的过度丧失，以维持血管内水分的容量，避免血液过度浓缩，以适应沙漠生活。

4. 淋巴管及常用淋巴结

(1)胸导管　左右各一，起于第 1～2 腰椎腹侧与右膈脚之间的乳糜池，分别沿腹主动脉两侧上部，向后伸延到主动脉附近，左右两条合成一条向前向下，行经食管左侧，再经颈下动脉内侧，沿第 1 肋内侧面前缘，向前向下汇入左侧颈静脉。

(2)下颌淋巴结　左右各一，彼此并不相连，长约 8 cm，宽和厚各 2 cm，在下颌间隙后端，位于下颌骨角与舌根之间，被面皮肌和皮肤所覆盖。

(3)咽旁淋巴结　位于咽的背外侧和颈总动脉的腹侧，长约 5 cm，宽约 3 cm。

(4)肩前淋巴结　位于肩胛骨前缘中部，被臂头肌和肩胛横突肌所覆盖。

(5)胸前淋巴结　大，位于颈胸交界的下外侧，被胸前肌所覆盖。

(6)腹股沟浅淋巴结　在母驼又称为乳房上淋巴结，位于乳房基部的后部背侧，呈长条状，由 15～20 个小淋巴结集合成群，长 15 cm，厚 1.5 cm，宽 2 cm，输入管有 30～40 条，引导乳房腹底壁后部、大腿内侧及会阴部的淋巴，输出管有 7～9 条，合成一束，随阴部外静脉进入腹腔，而注入髂内淋巴结。公驼位于精索的外侧，腹股沟管的皮下环附近。

(7)腘淋巴结　在股胫关节的屈面，腓肠肌背侧，位于股二头肌与半腱肌下部之间。

(8)坐骨淋巴结　位于臀前肌后缘与荐坐韧带中部之间，部分被臀浅肌所覆盖，即在坐骨结节前上方约 8 cm 处。

(9)髂外淋巴结　位于旋髂深动脉分支的角度内，输入管引导腹壁后部的淋巴，输出管注入髂内淋巴结。

(10)髂内淋巴结　在第 6 腰椎之下，髂内动脉分支附近。输入管有数条，收集乳腺上淋巴结(腹沟浅淋巴结)及骨盆腔内器官的淋巴，输出管有 2 条，注入腰淋巴干。

5. 神经系统

(1)脑神经　骆驼的斜方-复合体肌，由颈神经分布而无脊副神经。三叉神经的颊肌神经和颞浅神经的腹侧支有分支加入面神经的颊背侧神经，它们在颊肌深层外侧，被咬肌所覆盖的地方形成颊肌神经丛，此丛向前伸延，分布于颊腺，向后沿腮腺管蔓延，分布于腮腺。骆驼腮腺管的行程与绵羊的相似。

(2)脊神经　在四肢的分布与牛大致相似，在躯体的神经分布，除颈部分布比较特殊外，其他部分与牛大致相似。

项目二

骆驼的生产性能

任务一　骆驼的产毛性能

一、保护毛开剪时间及产毛量

保护毛开剪时间一般根据骆驼的营养状况、性别和气候条件决定，营养良好的成年骆驼保护毛开剪时间较早，膘情差的乏瘦骆驼则较晚。怀孕母驼多在产羔后 21 d 剪保护毛；2～4 岁青年驼比成年驼迟剪 10～15 d；1 岁以下的驼羔不剪保护毛。

一般对 1 周岁以上的骆驼每年 2—3 月开始剪嗉毛，惊蛰前后剪完。3 月中旬剪鬣毛和鬃毛，峰顶毛和尾毛与被毛同时剪。

据测定，无峰驼年收保护毛 1.0～2.0 kg，种公驼的保护毛较多，尤其是嗉毛和肘毛较发达，因此其产毛量每年可达 3 kg，个别的高达 6 kg。

二、被毛脱换时间、顺序和收毛方法

骆驼被毛脱换受营养、性别和年龄等因素的影响，一般膘情好的驼、壮年驼和公骟驼比乏瘦驼、老龄驼和怀孕哺乳驼被毛脱换时间早，脱换速度快。

1. 被毛脱换时间和顺序

一般在每年 3 月初开始，到 6 月底或 7 月初全部脱完。脱毛顺序是：先由

腋下、鼠蹊、腹部和四肢开始，然后后颈部、前驱、后驱、背后和体侧依次脱完。

2. 收毛方法

在脱毛时期，每天出牧前，归牧后和上井饮水时，按脱毛顺序将已脱落的部分细心收取。对哺乳母驼、怀孕母驼和乘骑骟驼，为了保暖和乘骑需要，背部的毛一般推迟到农历小暑前后收取。

3. 产毛量

骆驼的产毛量因品种、性别、年龄、营养、气候特点、健康水平、经营管理和体质不同，各有差异。双峰成年母驼年产毛量为 3～6 kg，成年骟驼年产毛量为 4～7 kg，成年公驼年产毛量为 3～8 kg。

任务二　骆驼的役用性能

一、骆驼使役的年龄

骆驼是一种成熟较晚的家畜，生长发育缓慢，6～7 岁才能完成生长和发育，调教工作一般从 3 岁开始，公驼 4 岁时去势，5 岁时可负担轻微的驮运和骑乘，以后逐渐增加，6 岁开始正常役用。

二、骆驼役用种类和役用效能

1. 骑乘

骆驼是沙漠地区的主要运输工具，尤其在冬春风雪季节更是如此。在短距离内，时速可达 10～15 km。长距离骑乘，不补草料的情况下，日行 30～35 km，个别优秀的骆驼可行 75 km。在 1 000 m 赛跑中，骟驼最快为 2′15″5，母驼为 2′20″。

2. 驮运

驮运是骆驼在荒漠地区主要的役用特点，可以在大面积沙漠、戈壁、山地以及冬季积雪很深的草地上运送物资。一般峰驼可驮重 150～200 kg，相当于本身体重的33.8%～43.1%，短距离可驮200～300 kg。过去在骆驼产区运输队，将8～15峰组成一链，由1人负责。每日行程30～35 km，每日补料1.5～2.5 kg，作专业运输用。

3. 挽曳

骆驼除乘骑和驮运外，还可进行耕地、挽车等作业。

任务三　骆驼的产肉性能

一、驼肉的品质及营养成分

驼肉品质与马肉相似，每千克含热能740卡，肌纤维较粗无异味，且骆驼的脂肪沉积绝大部分是在两峰和腹腔两侧，皮下脂肪很少，肌纤维更少，因此驼肉是一种含动物性蛋白质较高的瘦肉型肉类。四肢肌腱与牛蹄筋相似，驼掌更具风味。

二、骆驼的屠宰率和净肉率

通过屠宰分析，成年驼屠宰率平均为51%，净肉率平均为35.7%。实践证明，一峰膘度中等的成年骟驼可宰肉170～200 kg，脂肪15～20 kg；上等膘度的成年骟驼可宰肉210～250 kg，脂肪22～30 kg。成年骆驼屠宰率和净肉率详情见表2-1。

表2-1　成年骆驼屠宰分析表

性别	活体重量	胴体		肉脂		内脏		头蹄		皮毛	
		重量/kg	占比/%	重量/kg	占比/%	重量/kg	占比/%	重量/kg	占比/%	重量/kg	占比/%
母	379.0	166.78	44.59	112.86	30.18	40.18	10.74	26.15	7.0	31.12	8.32
骟	439.0	249.1	56.59	177.5	40.4	41.7	9.49	31.6	7.16	33.7	7.67
合计	406.7	207.44	51.0	145.18	35.7	40.94	10.06	28.87	7.09	32.41	7.97

任务四　骆驼的产乳性能

一、驼乳的品质与营养成分

驼乳是我国北方牧区牧民奶食品的重要来源之一，牧民除用驼乳做奶茶饮用外还习惯用驼乳制作奶酪、酸奶、奶酒及分离酥油。

荒漠、半荒漠地区植被通常以旱生、超旱生植物为主，骆驼在贫瘠的牧地虽产奶量不高，但能持续泌乳 14～17 个月，因此骆驼是该地区最有价值的一种乳畜。

驼乳黏而浓稠，其中蛋白质、脂肪和灰分含量比牛乳略高，乳糖和干物质含量较少。脂肪球小(仅为 0.62～6.15 μm)，乳脂率为 5.3%，容易被幼畜消化吸收。随着市场经济的发展，驼乳及其奶粉逐渐进入市场，进一步提高了养驼业的经济效益，拓宽了养驼业的发展前景。牛乳与驼乳的成分对比详情见表 2-2。

表 2-2　牛乳和驼乳的成分对比　%

畜别	干物质	脂肪	乳糖	蛋白质	灰分
奶牛	12.65	3.90	4.65	3.4	0.70
双峰驼	12.42	3.92	4.09	3.7	0.71

二、母驼的泌乳期与泌乳量

母驼的泌乳期比奶牛长，一般在 14～17 个月及以上。我国双峰带羔母驼，除哺喂驼羔外，平均日挤乳 0.5～1.0 kg，最高可挤 1.5～2.0 kg。过度挤乳会夺取驼羔的营养物，影响驼羔的生长发育，因此正确的挤乳应当在保证驼羔正常发育的基础上进行。

三、驼乳有效成分应用

骆驼乳含有较高的蛋白质，而且蛋白质消化吸收率为 98%，钙的吸收率高达70%左右(一般食品为20%～30%),还有较多的维生素A和B族维生素,另外还含有大量的保护蛋白,如溶菌酶、免疫球蛋白等。通过对驼乳的探索、开发及利用,已明确驼乳对人体有以下益处。

(1)驼乳中含有丰富的活性钙,利于人体吸收,强壮骨骼,防止骨软症,促进婴幼儿的智力发育。

(2)驼乳中有一定的磷脂,对婴幼儿的大脑发育具有重要作用。

(3)驼乳中含有钾元素,可保持动脉血管壁的韧性,防止老年人中风的发生。

(4)驼乳中含有乳铁蛋白,可促进重金属离子的吸收,及肠黏膜细胞的增殖,调节肠黏膜中巨噬细胞的吞噬功能,具有调节机体黏膜免疫能力、调整机体补体系统活性、减轻炎症反应、刺激溶菌酶再生等一系列作用。

(5)驼乳中所含的过氧化物酶系统能产生多种微生物,可抵制有害细菌的生长、繁殖与代谢活动,甚至还可以消灭多种病原菌,增强人体免疫力。

(6)驼乳中的β-酪蛋白具有较强的抗变异机制,能减少细胞癌变。

(7)驼乳中所含的铁、铜和维生素A具有美容作用,常饮驼乳对皮肤有益。

(8)驼乳中干物质含量高、浓度大,可以保护胃肠黏膜,可以治疗胃肠溃疡、腹泻及辅助治疗胃肠感染性疾病。

(9)驼乳可以软化动脉血管,防止心脑血管硬化。

(10)驼乳中含有一定的胰岛素,可缓解糖尿病尤其对胰岛B细胞有调节和改善作用,使其分泌胰岛素的功能得到恢复。

任务五　骆驼皮的利用

骆驼皮是传统的制革原材料,可加工皮箱、皮鞋和皮带。驼羔皮制裘具有久穿不毡、柔软保暖等特点。

一、骆驼皮的剥离加工

骆驼宰杀后应及时剥离皮张,在剥离时注意保持皮张的完整性,尽量减小刀伤面积，因为刀伤面积的大小，会直接影响制革、制裘价值。

对于剥离的鲜血皮要及时割去嘴唇，削尽肉屑、油脂，除掉耳根、尾骨、蹄及杂物等，选择平坦干净的水泥地面，毛面向上。将皮张伸展平整进行晾晒，待其晾干至六成左右，再把皮张翻过来晾晒反面，全皮晒至八成干时，打扫尘土杂质并开始折叠。把头、腿、皮毛面内折，皮板面朝外。再顺着脊线对折，使毛面不致受损。在晾皮时，应防止烈日暴晒或地面湿度过大，晒伤或烫伤皮质。折叠后的皮张需再进行晾晒，待各部晒干为止。

驼羔皮先将嘴唇、耳根、尾骨、腿皮（由肘间去掉）割去，晾晒平展。2 m^2 以上的皮最好从脊线对折起来。驼羔皮板薄质嫩，加工时应尽量注意避免刀伤，晾晒时也应防止烈日暴晒。

二、骆驼皮的保存

骆驼皮内含有大量水分和蛋白质，容易发生糜烂变质或虫蛀，为了使骆驼皮不受损伤，在入库保存时，应注意下列事项：

（1）库房需建在地势高的地方，库房内应保持阴凉、干燥、清洁，温度不超过 35 ℃，相对湿度不超过 75％。

（2）加强入库检验。入库前要逐张检查潮湿或边缘不干的皮，挑出晾干后方能入库，骆驼皮正常含潮量应在 12％～15％，过高或过低都会使皮张受损。

（3）库存量较多时，应按等级、质量分别存放。放皮的地方应当垫上枕木防潮，然后逐张摆平码起，周围留出适当通道，不易紧靠墙壁。每月检查 1～2 次，发现问题及时处理。

（4）做好防虫工作，春季气候较暖，是皮虫复活的季节，除经常保持库内清洁外，还应在干板毛面上撒防虫药剂。

（5）驼羔皮的保存基本同成年驼皮，但驼羔皮皮薄质脆，应尽量避免人在皮上踩踏，造成损伤。

项目三

骆驼的繁殖

任务一　母驼的发情

一、性活动年龄与发情季节

1. 初情期、配种及繁殖年龄

母驼达到初情期的年龄一般为 3 岁，开始配种的年龄为 4 岁，繁殖年龄可达 20 岁以上。

2. 发情季节

母驼在冬春两季发情。开始发情的时期大多数是在 12 月下旬至次年 1 月中旬。少数母驼在发情初期，卵巢中虽有卵泡正在发育，但试情时拒配。发情开始后，母驼陆续交配受孕，不再发情，而公驼至 3—4 月份停止发情，从表面不易看出空怀母驼是否还在发情，故一般认为母驼的发情也是到 3—4 月份结束。但是不带羔的空怀母驼在 5—10 月份有的仍有卵泡发育，因而母驼的发情可能并不限于在 3—4 月份结束。但因公驼此时已无性欲，不能进行试情及交配，无法证明母驼是否还在发情排卵。

3. 发情的外表现象

母驼发情时与其他母畜不同之处是一般没有外表特征，只是在公驼接近时卧下或者不站起来接受交配，这是母驼发情的一个可靠依据。一些发情旺盛的母驼，还有追随公驼的现象。

二、卵泡周期

卵泡发育过程及排卵机制除卵巢门以外，整个卵巢表面都可能有卵泡发育。增长的卵泡一般为圆形，大部分突出于卵巢表面之上。有的为长方形，一端与卵巢相连，如图 3-1 所示。少数卵泡为扁圆形或者扁长圆形。卵泡初发育时壁薄，容易撞破。

母驼繁殖生理上和其他家畜最大的不同是诱导排卵，即排卵是由交配引起的，不交配不排卵。

正常发育的卵泡，在直径约为 0.5 cm 时开始发育，如不交配，从发育到开始缩小，时间一般为 14～24 d。卵泡发育至最大时直径（长径）为 1.1～2.4 cm，平均 1.69 cm。下一卵泡的发育和上一卵泡的萎缩密切相关，60%是在上一卵泡开始萎缩的前后 2 d 之内，一般不超过前后 5 d。因为不交配即不排卵，排卵是连续发生的，如不交配，母驼一般均可连续长时间发情，前后两卵泡之间表现拒配者，在 15 次中有 2 次，各拒配 5～7 d。

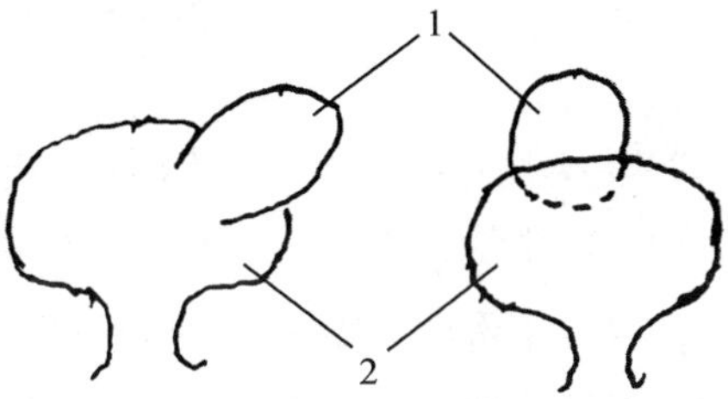

1. 卵泡　2. 卵巢

图 3-1　卵泡形状示意图

少数母驼前后两个正常发育的卵泡之间有时仅存在 6～8 d，卵泡最大直径可发育至 1.0～1.4 cm。

排卵发生在交配后 32～48 h，见图 3-2。因此为了提高受胎率，可以在第一次交配后一天配一次。

卵泡凡是发育到直径 1 cm 以上，发育时间介于第 6 天至开始萎缩之间，交配时间在 2.5 min 及以上者，交配一次后均能排卵。

排卵过程一般比较清晰。卵泡刚破裂仅能排出少量卵泡液时，感觉卵泡变软，可以捏扁。体积稍微变小，液体排出较多时，感觉卵泡壁为 2 张皮。液体全部排出后，卵泡壁即皱缩如一堆软组织，仔细触诊才能感觉到。

只有在排卵后才能形成黄体。黄体的形状为圆形或长圆形，有的稍扁。黄体的大部分多突出于卵巢表面。配后如未受孕，黄体发育至最大时的直径（长

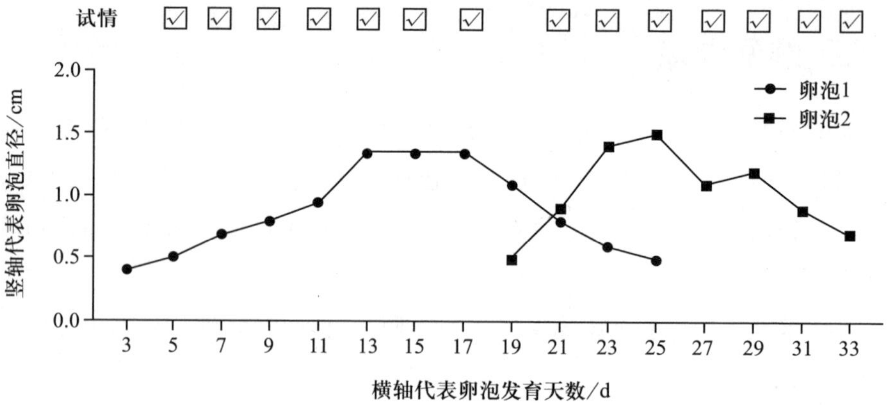

图 3-2　卵泡发育及试情周期

径)平均为 1.1～2.3 cm。从排卵到发育至最大所需要天数平均为 5～10 d。达到最大后,维持约 3 d。开始萎缩是在排卵后第 10～12 天。萎缩之前,黄体质地柔软,由于形状、大小、质地及其与卵巢的联系和卵泡较相似,如不进行系统检查,不易将未受孕时的黄体和卵泡区分开。除了较大的卵泡及黄体外,有时一侧卵巢上会同时有数个小的突起,可能为发育或萎缩过程的卵泡、硬组织块、发育或萎缩过程中的黄体。而且卵巢蒂长,卵巢可以转动,位置也不固定,在进行系统检查时,要注意利用卵巢上的某一标志去识别它们,以免发生混淆。

排卵后平均 2～8 d,母驼开始拒配。拒配的表现为起初在公驼接近时,母驼站起,不让交配;以后除站起外,还向上卷尾、叉开后腿并排出少量尿液。

如未受孕,排卵后 4～6 d,会有新卵泡开始发育。新卵泡的开始发育发生在黄体开始萎缩前 1～8 d。黄体开始萎缩后,新卵泡迅速发育。上次排卵后经过 10～12 d,母驼重新发情,接受交配。两卵泡之间母驼表现拒配的时间平均为 1～10 d。重新开始发情距离新卵泡开始发育的天数为 0～8 d。骆驼交配排卵及试情周期见图 3-3。

三、生殖道变化

母驼发情时生殖器无明显变化,子宫颈仅比不发情时稍柔软且手指通过时阴道稍微湿润,未见排出黏液,阴唇也无明显肿胀。

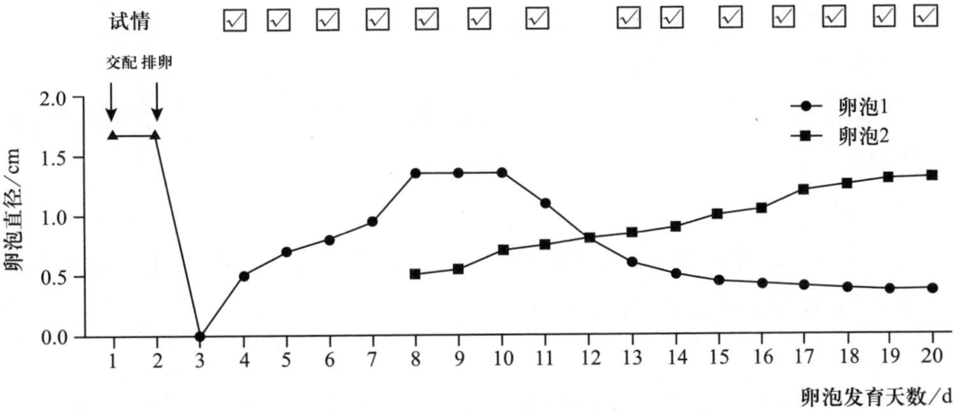

图 3-3　交配排卵及试情周期

任务二　公驼的繁殖

一、性活动年龄

1. 初情期

公驼的初情期是指自公驼发育到开始具有繁殖机能的一段时间。这一时期，在睾丸内间质细胞分泌的雄性激素刺激下，公驼开始出现性反射，能够和母驼交配，并开始出现第二性征，即睾丸内开始有精子生成。公驼出现初情期的年龄一般是 4 岁，膘情好的公驼 3 岁时就会出现性反射。

2. 配种年龄

公驼开始配种的年龄为 5～6 岁，发育好的公驼 5 岁时就可以开始配种。

3. 繁殖年限

公驼到 15 岁时配种能力下降，但有的公驼到 20 岁时仍能配种。

二、发情现象

公驼进入发情期除了出现性欲外，还表现以下的发情特征，牧民称之为“发疯”“发潮”或“发性”，这些特征其他家畜都没有。

1. 吐白沫

双峰公驼发情旺盛时，口中常吐白沫，但无单峰驼喷出软腭的现象。安静时和交配后，不吐白沫。

2. 发声

口中发出嘟嘟声，喉中发出吭吭声，越兴奋声音越大。牧民通常把吐白沫和发出“嘟嘟”声称之为“吹”。

3. 磨牙

兴奋或安静时，发情旺盛的公驼都会有磨牙现象。性欲不旺盛的公驼在安静时不磨牙。

4. 颈腺机能增强

颈腺分泌物增多，也是公驼发情的一个重要特点。颈腺是2个长圆形的皮肤腺，位于项脊之后中线两旁的皮内，由特别发达的汗腺和皮脂腺构成。该处皮肤色黑、凸起、毛较稀疏。颈腺仅见于公驼，胚胎时期即出现。成年公驼的颈腺长8～10 cm，中部宽4～7 cm，夏季不发情时缩小（主要是缩短）。骟驼的颈腺退化，母驼没有颈腺，因而它是受雌激素支配和调节的。发情越旺盛，腺体越大，分泌越多。分泌物通常稀薄、无色、透明、易溶于水。在鬃毛及笼头上沾染日久，可变为棕黑色，气味和久不洗涤的头发相似。

5. 发痒

公驼发情时常将头后仰，在前峰上摩擦枕部，有时在草墩或树干下摩擦头颈及嗉部，这些现象可能与颈腺发痒有关。

6. 打水鞭

公驼发情旺盛时常表现出一种特征姿势，将后腿打开，后躯半蹲，头部抬高，同时尾巴有节奏地向上打击。尾巴向下弯时，有时排出少量尿液，向上打时易将后峰及臀部打湿，结成冰块，牧民称之为“打水鞭”。

7. 包皮肿胀

肿胀主要发生在包皮前缘组织，发情旺盛时，公驼腹部缩小，包皮显著。

8. 食欲大减

公驼发情旺盛时会停止反刍，膘情急剧下降，腹部缩小，但体力仍很大，需每天补饲精料以维持营养。

9. 对抗

发情程度及体力大致相等的公驼，白天经常互相对抗，以体侧挤抗或面对面以肩部对抗，并伺机咬对方的后腿。发情程度差及体力弱的公驼不敢和强的公驼相斗，通常游荡于群外，伺机进群偷配，其性兴奋现象也受到抵制。

三、发情季节

公驼的发情和其他公畜不同的另一特点是有十分明显的季节性，在此期间才有性机能。新疆驼北疆品系的公驼发情时期在12月10日左右至翌年4月中旬，约4个半月。有个别体质较强的壮年公驼在11月下旬已有性活跃的迹象。

在此季节内，个别公驼的发情不但有程度上的差异，而且开始和结束的时间也有差异，因而有“冬疯”和“春疯”之分。

“冬疯”公驼发情早，在12月上旬至翌年1月上旬开始，多为膘情好、体力强的壮年公驼。自由交配时，其配种机能仅维持到2月中旬至3月上旬；先是发情现象逐渐消退，然后性欲逐渐降低，直至停止。如辅助交配，则可维持到2月下旬至4月上旬。个体的配种能力持续60～100 d。

“春疯”公驼的发情期从2月上旬至下旬开始，多为年龄小或膘情较差的公驼。发情开始后，它们也有性欲，也能使母驼怀孕，但因受到强壮“冬疯”公驼的抵制，发情现象不明显。当“冬疯”公驼的发情程度开始减退，它们所受的抵制减轻，才有明显发情表现。发情停止时间为4月中旬(个别的稍迟)，个体的发情持续时间为60～70 d。

任务三　骆驼的配种

一、交配

1. 自然交配

通常以自由交配为主，辅助交配为辅。公驼的性交反射表现如下：

(1)爬跨反射　与其他家畜不同，骆驼交配姿势是母驼卧下，公驼的前肢自后向前跨于母驼的腹部两旁，后躯胯下，待阴茎插入阴道后，后躯再前移，与母驼的后躯紧密接触。全身重量主要由飞节及以下部分支持，前肢虽然着地，但主要作用是夹住母驼。

(2)勃起反射　公驼坐下后，阴茎才向前伸出。勃起情况与牛羊相同。

由上述情况可以看出，虽然公驼尿液的排出是向下向后的，但交配时公母驼的方向并不是相反的。

(3)抽动反射　公驼的抽动反射比较明显，臀部会不停地前后抽动。

(4)射精反射　公驼射精的特点是精液在性交过程中持续不断地排出，而不是到性交最后才射精。阴茎伸出后最先流出的液体内无精子。

母驼发情时，子宫颈口开的不大，而且公驼射精量较小，交配时精液射在阴道内，因而骆驼是阴道受精型动物。

交配持续时间一般为 2～4 min，也有持续时间更长的，但很少。

因母驼是在交配后才能排卵，如果进行人工授精，可与结扎了输精管的公驼先交配一次，24 h 后再进行人工授精。

2. 采精

辅助交配的公驼都很温顺，不抗拒干扰，交配动作缓慢，采精比牛马容易。

采精器械用牛的假阴道与集精杯。天冷时将假阴道内的温度提高到 40～42 ℃时，公驼对假阴道内的温度及压力的选择性不强，一般均能采出精液。

采精时，人跨在母驼臀部右侧，右膝着地，待公驼刚跨下，用左手将毛孔对准假阴道的后孔，阴茎即能插入其中。这时将公驼的后躯向前移(防止公驼右膝碰到人脸)，假阴道即斜着向右，置于母驼臀部与公驼后股右侧之间。

为了防止公驼配完跨下时伤人，采精时应有人在左侧牵住公驼鼻绳，使其跨向左侧。

二、精液

公驼精液量为 2～7 mL，平均为 4.3 mL。

精液无臭、乳白色、无云雾状，内含胶样物质，不如马的浓稠。室温 10～15 ℃时，精子的活力为 0.7～0.9，个别为 1.0。每毫升精液平均含精子 2.2 亿～

15.5 亿。精子长度平均为 51 μm；头椭圆形，平均长 7.68 μm，反常精子占 2.2%～6.5%。

任务四　骆驼的妊娠

一、怀孕期

从排卵之日算起，母驼的怀孕期平均为 374～419 d。母驼虽然有时两个卵泡同时发育，但未见有产双羔的。

二、妊娠外部特征表现

母驼怀孕后，除了膘分、乳房、腹部有与其他家畜同样的变化外，新换的被毛、嗉毛比空怀母驼长得快，阴门周围生出光洁的短毛。此外，主要的表现是拒配，并有特征表现。

排卵受精后平均 2～8 d 开始拒配。母驼拒配表现为公驼接近时，如果母驼正卧着则立即站起。尾向上卷，后腿叉开并排尿，人接近时，有时也有同样现象。当人骑上时，除了迅速站起来并排尿外，还表现为叉开后肢前行。

母驼未受孕时，在黄体的影响下也有上述表象，但维持的时间不超过排卵后 10～12 d，如利用拒配进行怀孕诊断，必须在配种半个月后进行。

三、内生殖器的变化及妊娠诊断

母驼怀孕时，即使至末期，阴道内黏液也很少，子宫颈口紧闭，外口上仅有少量黏液。因为阴道内变化不明显，而且阴门很小，入手检查时母驼会抗拒，故不宜利用阴道检查进行怀孕诊断。怀孕后，母驼的卵巢、子宫及子宫内动脉有明显变化，直肠检查时可以摸到。

母驼怀孕后的黄体比未孕黄体大得多。卵巢上除有黄体外，怀孕初期可摸到卵巢。怀孕的母驼卵巢上有发育至直径 1.0～1.5 cm 的圆形构造 1～2 个。

与其他母畜不同的一个特点是其胎儿绝大多数在子宫左角内。

母驼怀孕 2～4 个月时，在少数情况下，子宫各部分的形状及大小因某些局部的收缩会出现短时间的变化。

母驼怀孕 2～3 个月时子宫强烈收缩，二角均弯曲时，与充尿的膀胱相似。鉴别的依据是膀胱近似圆形(纵轴稍长)，壁紧张且表面粗糙，长时间不变松软，轮廓非常清楚。子宫则是纵长圆形，表面光滑，壁紧张且短时间内即变松软，同时可以摸到右角及卵巢。因为右侧阔韧带比左侧窄得多，膀胱充尿时子宫体一般偏于膀胱的右上侧。

怀孕 11 个月的母驼可以摸到胎儿，左侧动脉的孕脉更明显，但也有个别母驼两侧孕脉一直不明显。

任务五　骆驼的分娩

一、母驼骨盆

母驼的骨盆有以下特点。

(1)入口近似圆形，比牛的宽大。

(2)入口的倾斜度较大，胎儿通过时荐骨的后端能被动地抬起，骨盆腔可以扩大。

(3)坐骨上棘较牛的低，二棘之间较宽，同时荐坐韧带比较宽，便于胎儿通过盆腔。

(4)骨盆底部凹陷，较牛的浅。

(5)出口处坐骨弓开放的程度比牛的大，坐骨粗隆较低，胎儿通过时出口扩张较大。

(6)盆骨轴比牛的短且直，胎儿通过盆腔所经路线几乎为一短的直线。

母驼盆骨便于胎儿通过。由于胎儿的前峰是由前向后倾斜的，所以虽然前峰处胸部的高度(平均为 35.7 cm)比盆腔的高度(入口的垂直径平均为 18 cm)

大得多，但胎儿的出生过程还是比较快的。

二、分娩预兆

与其他母畜相同，母驼产前也发生阴唇肿胀、乳房及乳头膨大、能挤出初乳、荐坐韧带软化等分娩征兆，但在个体之间差异较大，以此为依据来判断分娩日期并不准确。

最可靠的分泌预兆是不安。产前 1 d 既有轻度不安现象，放牧时常在群边走动，吃草减少；回圈后，常沿墙边走动或站在门口，企图外出，不静卧。临产前，离群疾走或早晨出牧时一出圈即离群。这种现象在母驼头胎时更为显著。流产前也有同样情况，这也是和其他母畜不同的一个特点。有时可走出 10～15 km，一般是向上坡走。临产母驼丢失时，牧民都是立即向高的地方去找，以免驼羔受到损失。

三、分娩过程

1. 开口期

从子宫颈管可容一指伸入算起，到充分张开，母驼开始卧下努责为止。母驼子宫颈管的开口期为 7～16 h，开口期末，胎儿的前置部分带着一部分羊膜撑破绒毛膜进入子宫颈及阴道。

2. 产出期

从母驼卧下开始努责，到胎儿产出，产出期一般为 8～50 min。

产出开始，母驼半侧卧，轻微努责数次，乳白色、半透明的羊膜呈囊状，露出阴门之外，内含胎蹄。经数次努责，胎头及两前肢的下半部露出。与母驼的盆腔相比，驼羔的头部较细。这一过程比牛容易，随后羊膜囊由于母驼的尾巴摆动或者地面摩擦而破裂。

由于前峰处胸部的高度大于盆腔的高度，胸腔的排出过程比较困难。这时母驼侧卧，强烈努责，胎儿因为胸部受到很大压迫，胎盘血液循环因子宫收缩而发生障碍，呼吸困难，有半数的胎儿用力张口吸气。胸部如排出迟缓，则因循环受阻，胎儿的颈静脉即怒张，其前端直径可达 3～3.5 cm。母驼强烈努责时，有时还能听到胎儿胸部的骨骼被挤得咯咯作响。胎儿胸部露出后，母驼休息片刻，重新努责，胎儿的后躯很快被排出。脐带大多数同时被扯断，其断端为羊膜鞘，内有脐静脉，往往缩入腹腔内。

在产出过程中，胎儿体表所包的一层薄膜（胎膜）也被扯破。

骆驼的胎儿排出，都是正生（即头先出）上位（即背部在上），头颈伸直置于伸直的两前腿之上。实践证明，驼羔倒生极少见。

3. 胎衣排出期

从胎儿排出起，到胎衣排出为胎衣排出期，时间为 21～184 min。

母驼产出胎儿经过 2～140 min，又重新俯卧努责，这时露出阴门之外的是尿膜羊膜，呈囊状，表面色白光滑，内含深棕色尿液，囊的背面常能看到脐带的断端。随着努责，此囊逐渐增大，整个胎膜也随之从子宫滑出来（不是翻出来），绒毛膜位于外面。这与马、猪弥散型胎盘的家畜不同。在排出过程中，尿膜一般不会破裂。如果破裂尿液流出，胎衣排出过程会稍慢。

骆驼的羊膜囊和其他家畜不同，呈梭状，很长，在左子宫角前端直抵子宫内口，在子宫内，尿膜部分位于羊膜囊端之下之前，因而分娩时子宫内口处的绒毛膜破裂后，总是羊膜囊先突入子宫颈及阴道内。

尿膜囊和羊膜、绒毛膜的关系见图 3-4，分娩时母驼的尿水为 6 500～11 000 mL。

绒毛膜及胎盘和马的相同，绒毛膜外面遍布短小绒毛，胎盘为弥散型。

由脐带至脐尿管开口处，脐带长 27～32 cm，仅有羊膜的部分，没有尿膜色的部分。脐血管有动、静各 2 条。脐尿管壁厚，呈细管状，比牛马的细。

除上述特点外，骆驼胎膜的特点还有：发育足月的胎儿表面有一层透明薄膜构成一个和胎儿体表完全一致的套子。在口、鼻孔、肛门口、阴门裂、色皮孔上。这一层膜一般是粘在皮肤与黏膜的交界处，上述诸孔开口于膜外的羊膜腔内，有的则脱离了联系。此膜还粘在脐孔及蹄底周围。怀孕中期流产的胎儿没有这种膜。11 个月流产胎儿会出现这种膜，但在毛少的部位还会粘在皮肤上。因此，它可能是在胎儿发育的后半期，从皮肤表面分化出来的。

四、助产

产前的准备主要有：一是选好产地。母驼母性很强，产后会长时间守着驼

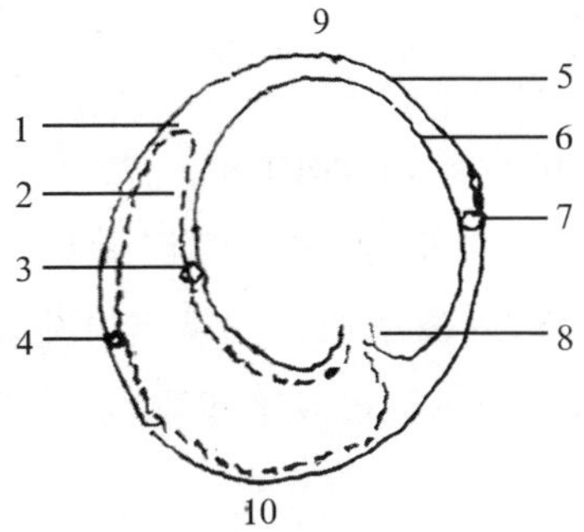

1. 尿膜外层 2. 尿膜内层 3. 尿膜羊膜 4. 尿膜绒毛膜 5. 绒毛膜 6. 羊膜 7. 羊膜绒毛膜 8. 脐带 9. 大弯 10. 小弯

图 3-4 骆驼脐带处胎膜囊的相互关系模式图(横切面)

(引自:宁夏农学院,内蒙古农牧学院. 养驼学. 北京:中国农业出版社,1983.)

羔不愿离去。因此产地附近应具有水源、牧草等放牧条件。另外,初生的驼羔最易感染大肠杆菌。以前产羔时感染过大肠杆菌的地方,初产的驼羔更易感,因此应选择以前未产过羔的地方作为产地。二是必须注重怀孕驼临产前的表现。发现母驼出现预产先兆,最好将两峰临产母驼两前肢绑在一起,以免临产母驼远离时踩死胎儿。

助产方法与其他母畜相同,但在胎儿胸部通过母驼骨盆,应帮助拉出。拉出的方向应向后向下(向阴唇下角)。

在驼羔护理方面,因产羔多在初春,天气寒冷,而且母驼无舔舐驼羔的习性,驼羔产出后应将驼羔擦干,并在其胸腹裹上毛毯或毡片。

头胎母驼不识驼羔时,应使母子经常在一起。喂奶时用绳拴住母驼左后肢,向后拉紧,使母驼左后肢伸向后方,然后帮助驼羔吮乳,3～4 d后母驼即能认羔。

五、产后期

1. 子宫复旧

母驼子宫恢复原状的时间为 25～30 d,子宫厚度与质地恢复需 40 d。

2. 恶露

产后头 2 d,流出的恶露为污红色,量多。以后逐渐变淡,直至清亮。母驼恶露停止排出的时间为10～14 d。

3. 连年产羔问题

母驼极少有连年产羔的现象，其原因为：一是母驼产后带羔，发情受到抵制(死亡驼羔的母驼，产后不久即发情、交配也能受孕)。二是母驼在3—4月产羔，天气冷，草不足，膘情差，发情率低。三是当时公驼发情即将结束，膘情差，精液质量低，交配能力弱，此时母驼虽发情排卵，但受胎率极低。

项目四

骆驼的饲养管理

任务一　骆驼产区的主要自然特点

骆驼的生活环境具有很强的地域性，在地理上处于我国的荒漠带，也就是我国西北和华北的北部，面积总计 110 万 km^2，约占全国总面积的 11.4%，包括除阿勒泰以外的新疆、甘肃、河西、青海柴达木和内蒙古高原，地势大多平坦，地形起伏不大，海拔多在 1 000 m 左右，多数可达 1 500 m，柴达木盆地在 3 000 m 左右。除鄂尔多斯部分地区外，多为内陆性河流，出没无定，水量一般不大，常由高山雪水形成，并多汇入或大或小的盐湖。

一、气候特点

本区年平均温度以戈壁地区最低，一般为 0～2 ℃，吐鲁番盆地温度最高为 14～16 ℃。其共同特点是年较差、日较差均极大。塔里木盆地夏季最燥热，尤其在吐鲁番市，绝对最高气温可达 47.8 ℃，为全国第一。5—9 月，月绝对最高温度均超过 40 ℃，但冬季绝对最低温度又可降至－25 ℃，且 10 月至次年 3 月，月绝对最低温度均在 0 ℃以下，故绝对年较差可在 70 ℃以上，而绝对日较差可在 30 ℃以上。无霜期在 140 d 左右，年日照在 3 000 h 左右。夏季晴朗无云，辐射强烈，土壤表面温度可达 60 ℃以上，引起剧烈的蒸发，蒸发量一般为降水量的 20～30 倍。年降水量在 250 mm 以下，一般不足 100 mm。塔里木盆地东部常在 50 mm 以下，若羌只有 5 mm。雨量不仅稀少，且集中于夏季，分布极不均匀或者变化无常。春季大地回暖，气流活动加剧，因而狂风时起，蒸发更大，因此形成年年春旱，十年左右即有一次周期性的旱灾，最长连旱日数达 193 d，因此对植物生长更为不利。年平均风速为 4.0 m/s，一般为 5～6 级风，8 级风日数年达 50～60 d(主要在 3—6 月)，是极端干燥的大陆性气候。在此种不利的气候条件下，植被稀疏，降水量低，空气湿度小，与地形、土壤物理、化学性质、地下水文情况密切相关的土壤水分条件是决定一切的首要条件。

本地区土壤大多数为具有不同盐度的各种类型的漠钙土。含腐殖质极少，因成土母质和地下水文情况的不同而形成盐土、碱土、盐碱土，呈隐域性分布，并结合地形变化，形成盐碱滩、沙漠和戈壁。

由于本地区干旱少雨，地表水系不发达，地下水流也不好；水质类型在戈壁一般以氯化钠为主，沙漠以重碳酸盐为主。矿化度一般在 1～3 g/L，最高达 13 g/L。

二、草场特点

我国荒漠区的天然草地类型大体可分为 10 个类别。其中平原荒漠放牧地是荒漠区分布最广、面积最大的一个类别，也是骆驼的主要产地。

根据土地条件的差异，平原荒漠放牧地又可分为 4 个亚类：

1. 沙地放牧地

地面覆有流沙或固定、半固定沙丘，在湖泊周围和地下水位较高的丘间低地，由于水分条件较好，植被茂密，牧草种类较多，是较好的放牧地。沙地放牧地的草层高度、盖度和产量因水分条件的不同而差异很大。

2. 戈壁(石质、砾石质)放牧地

广泛分布于山麓洪积扇上部和山间平原，饲用植物以藜科的灌木为主，草本稀少，草层高度 10～30 cm，盖度 5%～20%。灌木的嫩枝是主要的饲料。

戈壁放牧地由于地面多砾石和饲用植物多灌木，因此较耐牧。因水源较缺乏，一般只能在井泉附近及冬季有积雪的地段放牧。

3. 壤土放牧地

主要分布于天山、准噶尔界山和贺兰山的山麓洪积—冲积地或黄土低山。土质较好，饲用植物以蒿属等半灌木为主，并有一定数量的杂类草，平均高度 20～40 cm，盖度 10%～50%，在新疆用作春秋放牧地。

本类草地的产量年变幅可达 2～3 倍，如新疆巩乃斯的山前蒿属——猪毛菜草地，月产量以 7 月和 8 月最高。

4. 盐碱地放牧地

主要分布在盐湖周围、滨湖平原、洪积——冲积扇缘及平原的一些低洼地上。饲用植物以藜科、柽柳科和禾本科等盐生植物为主，平均高度 10～30 cm，盖度 20％～50％，由于植物体内含水量较多，因此青饲料产量颇高。但所含干物质较少，盐碱地上的饲用植物仅在秋冬被骆驼喜食，因此主要用作秋冬放牧地。

三、骆驼的主要饲用植物

1. 荒漠区植物的概况

本区饲用植物区系组成比较贫乏，藜科的种属占最主要的地位，其次为菊科（主要是蒿属）；而蒺藜科、柽柳科、蓼科、百合科（主要是葱属）、禾本科、豆科、莎草科等则属于比较次要的地位。

本区以旱生、超旱生的灌木和半灌木为主，一年生和多年生草木较少。

由于对干热环境适应的结果，很多植物株本粗硬，具有刺、毛、乳汁、苦味、辛味、咸味或特殊香气。青绿状态的适口性较枯黄期差。无论是青草或干草状态都不能被家畜完全吃尽，因此有 20％～25％的残体遗留。

在本区由于藜科和菊科植物较多，它们分别构成了独立的饲用植物经济类群，与禾本科、豆科、莎草科和杂类草并列。

2. 藜科植物

藜科植物在本区家畜的放牧饲料平衡中占 20％～25％，骆驼尤为嗜食，其主要种属有：珍珠猪毛菜、合头草、梭梭、木地肤、细枝盐爪爪、沙米、虫实属、小蓬、角果藜属、盐蓬属、优若藜等。

与禾本科相比，藜科植物的化学成分中有较高含量的灰分和较低含量的粗纤维。其干物质中平均含灰分 19.1％，粗蛋白 11.1％，粗脂肪 2.4％，粗纤维 24.4％，无氮浸出物 43.0％。

按化学成分、适口性和株体形态，可将藜科植物分为肉质的、半肉质的和干性的 3 类：

(1)肉质的藜科植物　含水量超过75%,灰分超过30%,约有1/4的藜科植物属于这一类,如绵毛猪毛菜、厚叶猪毛菜、角果碱蓬、盐生假木贼、盐爪爪属等。

(2)干性的藜科植物　在开花期含水50%～60%,灰分含量少于15%,属于这一类的有刺砂蓬、木地肤、优若藜属、角果藜属、樟味藜等。

(3)半肉质的藜科植物　其特点介于上述两类之间,属于这一类的有滨藜属、李氏猪毛菜、东方猪毛菜、少叶猪毛菜、白梭梭、小蓬等。

藜科植物的适口性与水分和灰分的含量有关,水分和灰分含量大的肉质类青草,家畜多不喜食。秋季枯黄后适口性变好,大多数一年生肉质藜科植物的干草,仅相当于麦类藁秆的营养价值。干性和半肉质类的适口性较好,营养价值也较高,相当于苜蓿。

3. 菊科植物

菊科中的蒿属植物是骆驼早春和秋冬的基本饲草,它们都具有苦味和特殊的藁类香味。营养价值适中,相当于苜蓿,超过一般的禾本科植物。其化学成分中灰分占7.2%,粗蛋白质占11.3%,粗脂肪占5.8%,粗纤维占31.6%,无氮浸出物占44.1%,与禾本科相近,但粗脂肪高出1倍。其适口性的好坏在很大程度上取决于糖的含量,秋季有苦味的挥发油含量减少,糖分增加(平均含糖6.6%),适口性变好,这时骆驼最为喜食,是一种抓膘好草。

蒿属植物同藜科植物一样,几乎没有毒草。

4. 骆驼嗜食的其他主要牧草

骆驼嗜食的其他牧草在柽柳科中最主要的种属为红砂(琵琶柴)、柽柳;蒺藜科中最主要的种属为白刺属(西伯利亚白刺、泡泡刺)和骆驼蓬;蔷薇科中主要的种属为绵刺(蒙古刺)属;豆科中最主要的种属为细枝岩黄芪、柠条锦鸡儿、狭叶锦鸡儿、骆驼刺、铃铛刺、甘草;禾本科中最主要的种属为沙鞭、芦苇、拂子芽、芨芨草;蓼科最主要的种属为蒙古沙拐枣和木蓼;百合科最主要的种属为蒙古葱;鸢尾科最主要的种属为白花马蔺;锁阳科最主要的种属为锁阳。

任务二　骆驼的放牧

一、骆驼的放牧习性

1. 采食速度与采食方法

(1)采食速度　骆驼在夏季牧场上的采食速度较快,接近于 1 口/s 的频率。当采食到一定口数后,才抬头咀嚼和吞食。每 5 min 大约可完成 8 个食团的采食。在夏秋抓膘时期,几乎全天都处于紧张的采食状态,很少卧地休息,只在中午前后稍有减少。不同植株,草本小草采食速度最快,疏丛灌木次之,密丛灌木采食速度最慢。不同气候,在大风沙、酷热或降雨时采食速度放慢,甚至停止。良好天气则采食速度较快。不同骆驼,壮年驼采食速度最快,幼驼与年老驼次之。

(2)采食方法　首先选好喜食的植物,然后头颈伸直,用两瓣能自由伸展的上唇,灵活地攫取其可食部分。当采食低矮小草时,像羊和马一样,能从离地 2～3 cm 处切断吞食。对疏丛灌木如白刺、红砂,可从株顶到株底,凭其喜好,采食嫩枝绿叶。对密丛灌木如坝王,则只能将上唇伸长如锥状,攫取株顶到株侧的一小部分枝叶。对高枝条的灌木如红柳花棒,则偏着头颈用口衔住枝条基部,然后抬头即将全部花叶捋入口中。由于骆驼体高颈长,对高达 2 m 以上的梭梭或其他乔木枝叶也能采食。

2. 采食行为

骆驼采食常表现为分散地边走边吃,彼此间距离 2～5 m,各自行动,互不干扰,故在牧场上分布极广。

放牧之初,骆驼的采食速度快、空走少,只要能吃的草都大口采食。但随着采食时间的增长,开始对饲草有较大的选择性。

骆驼对牧草有一定的识别能力,如对它嗜食的红砂,虽在 10 m 外,也能识别出来,前往就食。冷蒿也是它所嗜食的,虽混生在其他灌丛内,也能把它挑出来采食。对于那些灰分含量高、气味浓烈、粗糙带刺的草本和木本植物,也能充分采食，此亦为骆驼的采食特点之一。

3. 栖息性

在不同季节和气候条件下，行走与栖卧的方向都有一定规律。在夏秋炎热时期，一般是头迎太阳，顶风行走，顶风栖卧。晴朗无风，则喜卧于高燥的地方；天阴凉爽，则无固定走向和卧向。冬春一般是顺风行走，顺风卧。如遇阴雨、风雪和风沙弥漫的天气，无论在任何季节都愿顺风沙、雨雪的方向行走和栖卧。

夏、秋两季，喜选高燥、通风凉爽的地方采食和栖息。冬、春则喜在低洼、避风、暖和的地方活动。在牧地上采食时喜分散，休息时则喜群居。并喜欢在干燥无草、表土疏松，过去曾有骆驼卧过的地方数峰群卧栖息。

骆驼对其长期生活、放牧过的牧场有很强的留恋性，当移到另一个从未去过的新牧场时，会表现出不安，总想返回，如不严格控制，无论距离多远，都会跑回去，母驼尤为突出。

4. 合群性与护群性

骆驼的合群性虽不如其他家畜强，但仍有一定的群居性，在牧场上三五成群，分散采食，只有当放牧员收拢归牧或遇有大的惊扰时，才集结成大群活动。母驼的合群性与护群性较强，在出牧、归牧时都能互相关照，当发现驼羔不在自己身边时，就用高亢的声调呼叫，当发现驼羔遇有敌害时，则猛扑过去保护驼羔。

骟驼的合群性次于母驼，公驼只有在配种期才有强烈的护群性，主动寻找母驼，组成自己的配种小群，如其他公驼或骟驼进入小群，则严加驱赶。在非配种期，常离群远走，寻找水草。

5. 出牧与归牧

驼群每日的出牧与归牧均遵循一定的路线，出牧时一般排成纵队，按每日行走的固定牧道前进，中途很少边走边啃，出牧速度快于归牧。出牧与归牧时由其中一头年长而又胆大的骆驼带头，在行进中三五成群，个体间保持一定距离，连成一串。2～4 岁的青年驼，则喜在队两侧靠近有亲缘关系的大驼行进。

二、驼群的组成

驼群的组成一般分作繁殖群和非繁殖群。

繁殖群系由繁殖母驼、3～4 岁青年母驼、1～2 岁驼羔和公驼组成，每群 100

峰左右。其中繁殖母驼 30～40 峰，种公驼 1 或 2 峰，骑乘或役用骟驼 2 或 3 峰。

非繁殖群系由骟驼、3～4 岁青年公驼和少量空怀母驼组成，每群 100～120 峰。在劳动力缺乏、草场较广的地区，也有 120～150 峰的母驼群和 150～180 峰的骟驼群，草场窄小或骆驼数量不多时也有以 60～80 峰组群的。按年龄、性别、毛色组群，更有利于加强管理和培育。

为了开展本品种选育、选配，快速提高骆驼的品质，母驼群不宜过大，应以 80～100 峰为宜。

三、骆驼的放牧方法

骆驼对放牧地的要求不严格，它能适应各种不同类型的草场，也能利用其他家畜所不能利用的草场。

1. 冬春草场的选择

沙漠地带一般选在湖盆周围，戈壁地带则选在丘陵低洼地区，山区则选在背风向阳的山前草场。

2. 夏秋草场的选择

应选择地势高凉开阔，通风良好，水源距离不太远，以沙米、刺蓬、黄蒿、沙蒿、红砂等占优势的草场，利于抓膘。

由于荒漠草场的植被覆盖度较低，因而载畜量不可能很大，再加上骆驼的放牧习性与其他家畜不同，出牧时不必在后紧赶。进入草场后，让其自由采食，放牧员只在周围巡视或选择制高点看牧，必要时才加以干预和控制。

一些在湖淖草场过冬、过春的驼群，由于牧草单纯，水质欠佳(往往含氟量较高)，入夏后必须尽快转场移牧。

3. 冬春季节的放牧

进入冬季后，天冷草枯，营养下降，但正值骆驼使役期的开始，公母驼也将逐渐进入配种和产羔盛期。特别是 1—2 月份，正是骆驼发情配种的旺季。在此时期内应做好保膘保胎，加强对公驼的饲养管理，提高配种受胎率。其次，要做好接仔育幼，提高仔畜成活率与成畜保育率，这是骆驼增产的关键。

在放牧管理上应注意：按照冬春放牧地的选择条件选好草场和宿营地。早出晚归，延长放牧时间，一般风雪天也要出牧，经常轮换草场，争取吃饱吃好，尽量减少体脂的消耗。在这一时期内，由于公母驼发情，食欲降低，行动异常（尤其是公驼），产前母驼也往往会突然离群寻找产羔地，所以一定要留神观察，将临产母驼找回拴系在营地。对怀孕母驼，在出牧、归牧和饮水时，要缓缓走，防止拥挤、乱跑和跨越沟壕，同时要严禁卧冰雪地，饮冰茬水和空腹水，以防造成流产。在放牧场的分配上，要确保母驼群有较好的草场；在放牧时，要让强驼、空怀与青年母驼放远处，弱驼与产羔母驼走近处。

4. 夏秋季节的放牧

夏秋两季是骆驼抓膘、复壮、长毛、贮脂的关键时期，除选择草场外，重点在于放牧管理。4月中旬产羔基本结束后，进入收毛盛期，此时对全驼群可进行一次灌药驱虫。5月下旬开始可间断地饮大黄水，对乏弱骆驼可灌服大黄、砖茶等健胃药物，以增进消化机能，使其在较短时期复壮。

收毛是夏季的一项紧张艰巨的工作，要在全体放牧人员中，提倡“三勤”（眼勤、手勤、腿勤）“三随”（随掉、随撕、随拣）和“三利用”（利用出牧、归牧和饮水时间），抓紧收毛。

在草场安排上，应当把离水源较近、较好的牧场作为带羔母驼的草场，其他驼群则可安排在较远的草场。各驼群的转场，必须在盛夏前完成。

饮水是夏秋放牧中较重要的工作，牧民称“有膘无膘在于草，膘好膘坏在于水”。水草同等重要，此期尤为明显。进入秋季后，将骆驼放牧于喜食而又易上膘的（如刺蓬、沙米、冷蒿、黄蒿、红砂、列氏合头草等较多的）、生长繁茂的放牧场上，延长采食时间或进行昼夜放牧。

在放牧时，如遇疾风骤雨，亦不得驱赶过急，严防出汗，牧民说“出汗如出油”。说明在秋季放牧时，如驱赶过急，造成出汗，会直接影响抓膘或造成事故。

牧民把四季骆驼放牧经验总结为两句话，即“冬圈、夏撒，伏高梁，秋天才找好草场”。其中虽有些原始的和不妥之处，但是换个角度来看，还是有一定意义的。冬牧要把驼群控制得稍紧一点；夏季收毛后要到尽量宽阔的地方去，晚上也可不归牧。三伏天，应到高山草场去。秋季是抓膘的关键时期，所以要找好草场（骆驼只要水草盐几方面配合得好，抓膘效率是很高的）。

5. 全年放牧须知

在全年放牧中应注意的问题，牧民系统总结为“四怕”，即“春怕卧，夏怕吃热草，秋怕水，冬怕冷”。春季解冻时，土壤湿度大，驼群如久卧于低湿地上，则风湿病的发病率增高。荒漠夏季的中午气温很高，土壤的水分蒸发加大，驼群吃这个时候的热草，消化道疾病易增多。秋末骆驼在参加使役前，要经过几天的严格控吊，如此时控水不严，也将增多发病。冬季怕冷是指强寒潮袭击的暴风雪之夜，由于气温骤降，各种家畜都应加强下夜。

对全年依靠放牧的驼群来说，膘情好坏是一个带有决定性意义的问题。一些养驼业发达的地区的经验是“百治不如一防，百防不如一抓”，即抓膘保膘，是防治疫病的最根本措施。

经常以采食盐生性草为主的驼群，突然远距离移牧到以采食芦苇为主的湖淖地区，青草季节表现为上膘慢，枯草季节表现为肚腹细小，消化不良，有时还发生软骨症。相反，将湖淖区骆驼移往戈壁区，则饮水量增加，易发生腹泻，如为青草季节则上膘快，毛色好；如为冬春季节，乏瘦骆驼大量饮水后，往往表现行动困难。

骆驼喜卧于居民点附近的炭灰堆上。有时炭灰中还有未熄灭的炭，骆驼卧其上只知疼痛叫而不知逃避，易发生烧伤。

任务三　骆驼的管理

一、饮水

1. 驼群每日饮水时间及饮水表现

骆驼对水质不苛求，除极苦和味道特殊的水外，一般均可饮用。

一处水源的几个驼群，由于人为控制，分批饮水，养成各驼群的固定饮水习惯，按先后顺序结队来饮。具体而言，母驼饮水在早晨，骟驼、公驼饮水多在中午前后陆续饮水。老、弱、胆小的个别驼行走缓慢，怕入大群，往往等大群饮完后，才慢腾腾地走近水源，如果不多加照顾，饮水量将明显不足。

骆驼在较长期断水情况下，能够忍耐过去，但这并不是说骆驼可以不饮水，这种耐渴性是可贵的,应当只有在特殊情况下才可以利用。

2. 饮水注意事项

(1)除冬季可以隔日饮水外,其他季节都应保证每天饮水 1 次;夏季炎热时,要多次给饮。

(2)一定要饮井水或流动的水,不能饮死水。死水里有各种各样的寄生虫和病原微生物,很不卫生。

(3)剧烈运动后或者长期禁水后的骆驼,如果不加控制,让其渴极暴饮,较易致病。机井水因其水温较低,更易发生问题,所以最好将机井水抽到水池预热后再饮。

二、补盐

骆驼对盐分的需要量与体内代谢强度有关,幼龄驼和哺乳母驼对盐分的需要明显较成年驼和骟驼高。通常一头骆驼一昼夜可补给食盐 100 g。补盐方式有饮水补盐法(加盐于饮水中)和饲槽补盐法(于铁槽或木槽内置入盐粒及骨粉,由骆驼随意舔食)。

三、穿鼻

人们对骆驼的控制与指挥基本靠系于其鼻棍上的缰绳进行。故骆驼在 2～3 岁时都要穿鼻。时间是每年 10 月以后天凉时进行。方法是在离鼻孔下缘正中 1 cm 处(此处有时为一小旋毛),用小而尖的刀子或用大号套管针,穿一个贯通左右的创孔,插入事先做好的鼻棍。但必须注意位置适中,过前易将鼻孔拉破,过后则因神经分布较少,不便控制。穿后不久的骆驼,应戴笼头牵拉,少拉鼻缰,以防拉坏鼻孔。

鼻棍的制作是将红柳或坝王枝条,削制成直径约 1.5 cm,长约 16 cm 的鼻棍,粗端呈“Y”形或附圆形鼻板,细端要尖锐,距尖端 3～4 cm 处,要有圆形刻痕,便于拴系缰绳,见图 4-1。

当鼻棍尖端穿过创孔后,还须在尖端刻痕处,套上用塑料或牛皮制的直径 3～4 cm 的铜钱样的鼻棍环,在鼻棍环的内侧即拴系缰绳。

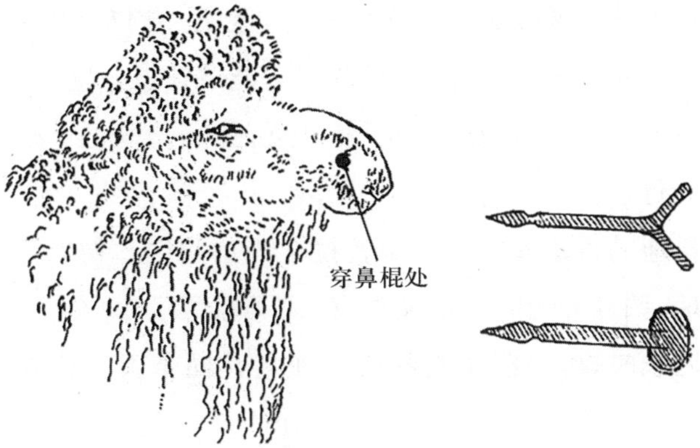

图 4-1　骆驼鼻棍的穿法示意图(左)及 2 种鼻棍(右)

(引自:宁夏农学院,内蒙古农牧学院. 养驼学. 北京:中国农业出版社,1983.)

四、调教

经过合理调教的骆驼,不仅在工作中不易疲劳,而且还能锻炼出更结实的身体,同时提高工作能力。

骆驼的调教大致分两个阶段进行,即幼龄期调教和青年期调教。

这种青年期调教也有在放牧中调教和使役中调教的区别,调教的步骤一般是:

第一、先使已穿鼻的骆驼养成戴笼头的习惯。

第二、使骆驼养成服从管理人员口令的习惯,能卧下和起立,训练卧下时再配合口令,同时可把牵绳向下拉,并用手轻拍骆驼前肢的膝盖。同样训练起立时,也应配合起立的口令,把牵绳向上拉,以强迫它站起来。这样每天训练 2～3 次,经过 1 周左右,它就能很自然地服从人的指挥了。

第三、从 3 岁半开始,可以调教其担任驮运工作。最初应训练装架驮鞍和参加骆驼队行列;可将其牵绳拴在前一头骆驼的鞍架上,其前后方的骆驼都应是温顺的。成年驼这样可以使它习惯在人群中和车马往来的道路上行走,经过 2～3 个月后,就可以让它驮运些轻的东西。满 4 周岁,可驮重 50 kg 左右,到 6 周岁时,才正式担任重役。但要注意的是,如果勉强它过早担任劳役,而且驮重过度,就会伤害它的身体,不但役力无法提高,使役年限也会缩短。

骆驼除了驮役外,也能拉车耕地和骑乘,调教可从 4 岁开始,采用双套车。

方法是把进行调教的骆驼与经常驾车的骆驼，联架一辆车；开始时载重要轻，目的是训练它听惯车轮声不会惊慌，最后调教它能单独拉一辆车。

调教骑乘时，要训练它平稳地卧下和站立，能用均匀的步法直线前进，能服从鼻缰的控制和行止。

调教骆驼耕地的方法基本上与调教拉车方法相同。初期可先调教它耙地，后期再训练耕地，调教开始时可单独进行，由调教人手牵骆驼，引导它前进。如果单独进行有困难时，再用已调教的骆驼和它共同牵引一架农具，习惯后再单独工作。

调教过程中，调教人应沉着、耐心，切勿粗暴鞭打和大声叫骂，以防骆驼养成咬人、踢人等恶癖。

五、去势

在骆驼的各种结扎去势法中，止血方面最为可靠的是非开放式和开放式结扎去势法。非开放式结扎去势法常用于青年驼，开放式结扎去势法常用于老龄驼。

骆驼去势的年龄在 4～7 岁，以 5 岁去势为宜。过早则会因缺少雄性激素的刺激，影响骨骼发育，以致降低使役能力；超过 5 岁则因精索变粗，止血困难，对手术不利。

去势时间多在冬春两季无蚊蝇的晴朗天气，可用常规右侧横卧保定。

先将术部及周围洗净，用 3％来苏儿消毒，再用 5％碘酒涂擦。

手术时，术者蹲在驼背侧，左手握住（或用消毒细麻绳捆住）阴囊基部，使 2 个睾丸与阴囊缝际平行，右手持刀，在距阴囊缝际两侧 1.5～2.0 cm 处作一平行切口；使用开放式结扎去势法时，一次切透皮肤、肉膜及总鞘膜。切口长度约为睾丸的 3/4。右手稍加压力，挤出睾丸，分离鞘膜韧带与睾丸的联系，用 3 mm 左右的消毒丝线在睾丸上方结扎精索，再用精索夹板夹住，用烧成暗红的烙铁烙断精索，以同法处理另一侧睾丸，最后用 75％酒精纱布擦净创口，消炎粉或碘仿磺胺粉，切口用 5％碘酊消毒，对齐创口，解除保定。

去势手术实施时，需要注意以下 5 个方面：

（1）手术前 1 d 应减食或停食。条件允许时，术前 1 周注射破伤风类毒素

3～5 mL。

(2)使用的器械、术者的双手及手臂、术部都须认真消毒。

(3)去势手术中关键的一点要求是一次切透皮肤、肉膜及总鞘膜这三层,否则如分层切开时,切开总鞘膜后用剪刀剪掉切口两侧的边缘各宽 1～3 cm,这是开放式结扎去势所必需的,因为鞘膜很发达,而埋在其间的外提睾肌极弱,故常发生鞘膜术后脱出。

(4)结扎前,须尽可能向创外牵伸精索,否则术后最初几天内,易发生精索脱出(这是由于精索不含内提睾肌,且其弹力纤维网也较弱)。

(5)阴囊切口应达到睾丸的全长,切开阴囊时,应避免在前创角形成创囊,因阴囊成背腹位,所以必须切开阴囊的整个前部,而后如有需要,再向后方延长切口。

六、捕捉和保定

在骆驼的调教、使役和诊疗等工作中,为了确保人、畜安全,必须熟练地掌握捕捉和保定技术。

捕捉成年温顺骆驼,人由左侧接近,伸手抓住鼻棍,拴上缰绳。无鼻棍时,手执缰绳,由左侧接近,缰绳穿过颈背侧,两手各执绳子一端,由后向前上甩,绳搭在鼻梁上以后拉住,下按驼头,以缰绳外侧短端经下颌内侧面部绕过耳后,从外侧回至下颌下边打结,结成笼头,见图 4-2、图 4-3。

图 4-2　保定搭上鼻梁示意图

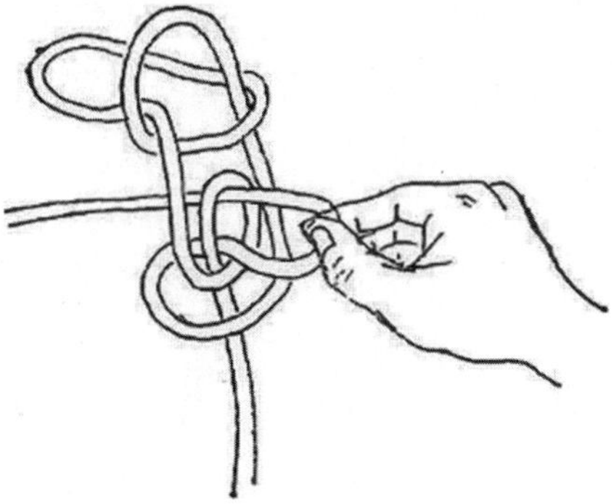

图 4-3　捕捉拴系笼头

(引自:宁夏农学院,内蒙古农牧学院.养驼学.北京:中国农业出版社,1983.)

对不温顺的骆驼，多用长保定绳，由 2 或 3 个人围捉，具体方法为：

两人执绳拦住骆驼喉头部，迅速交叉后，另一人上前，或结笼头，或拴系缰绳。

两人执绳，拦住前肢上部后，两人同时后行，在驼后交叉绳子，继续缠绕四肢上部 1～2 圈，收拢四肢，即双人倒驼保定法，见图 4-4。

图 4-4　双人倒驼保定法示意图

（引自：宁夏农学院，内蒙古农牧学院．养驼学．北京：中国农业出版社，1983.）

长绳铺于地面，一人赶驼就范，待其两前肢横跨长绳后提起两绳端跑向后面交叉，使绳稍松动下滑，滑至飞节以下时拉紧绳子，在骆驼挣扎中因后肢失去支撑力而卧地，此法是捕捉与倒驼的结合。如倒地后使绳子通过膝内侧在后峰后打结，即后肢伏卧保定法，见图 4-5。

图 4-5　后肢伏卧保定法示意图

（引自：宁夏农学院，内蒙古农牧学院．养驼学．北京：中国农业出版社，1983.）

保定法可归纳为以下 4 种：

(1)倒驼法

①提绳倒驼法：用一端有小环(或结成一小扣)的绳子(提绳)通过右前肢肘内，绳子游离端穿过环(扣)，抽拉至一定程度后使其下滑至系部拉紧，游离端通过两峰间扯至左面，倒驼人左手抓缰绳，右手抓提绳，站在左前肢内侧，两手同时把 2 根绳子向怀里使劲拉紧，提起右前肢不着地，驼头弯向左肘部，强制骆驼前肢跪地卧倒，见图 4-6。此法常用于 2～3 岁幼驼的骑乘调教。

②单人绕后肢倒驼法：如前法在腰部结一更大的活动绳扣，自前向后抖动，使绳子向两后肢下滑，待滑至股部时逐步抽紧绳扣，下滑至飞节以下时右手紧拉提绳，左手拉缰，下按驼头，骆驼在弹跳中卧下，见图 4-7。

图 4-6　提绳倒驼法示意图

图 4-7　后肢活扣倒驼法示意图

(引自：宁夏农学院，内蒙古农牧学院．养驼学．北京：中国农业出版社，1983.)

(2)站立保定法　人由侧旁给前肢扣上特制的皮绊或绳绊或用缰绳于两前肢间绕成“8”字形绊前肢，使两前肢间距离为自然站立宽度，稍窄或绊拢也可。为防止绊绳脱落，缰绳可在两前肢间多扭结几次。为便于保定的解除，所有的保定绳结应均打活扣。

(3)伏卧保定法：按低驼头用缰绳或另用一条绳子缠绕一侧腕关节 2 圈，绳子继续通过脖子背侧缠绕另一侧腕关节后，绳子两端在脖子上打结，见图 4-8、图 4-9。在骆驼伏卧时，为了防止站立，常采用此结。也可将前后肢保定法结合起来，用同一根长绳在固定后肢后，绳子在背部交叉前行，缠绕前肢在脖子上打结。

图 4-8　前肢缰绳保定法示意图

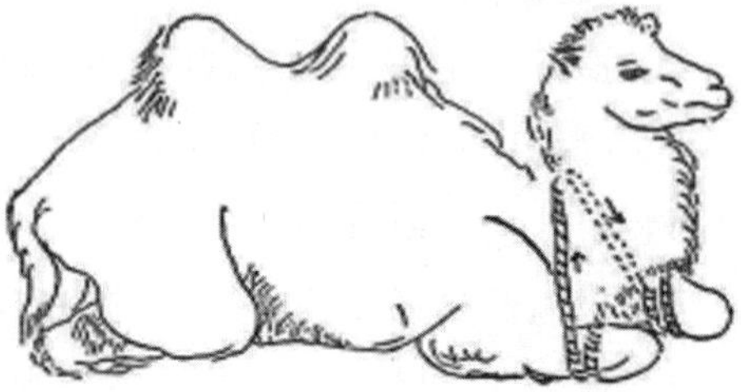

图 4-9　伏卧前肢保定法示意图

（引自：宁夏农学院，内蒙古农牧学院．养驼学．北京：中国农业出版社，1983.）

（4）侧卧保定法：先使骆驼卧地，其倒侧贴近腹部的地面上，放置一个与肩端或臀端等长的绳结，见图 4-10。然后 1 人控制驼头，2 人在捆绳的同侧，按住驼峰，协同用力，先向对侧轻推，再向怀内压倒骆驼的体躯。随后在前肢及后肢的前方与后方，分别提起绳扣和绳端并使绳端穿过绳扣后坐地拉紧，使四肢靠拢交叉，作结固定，见图 4-11。

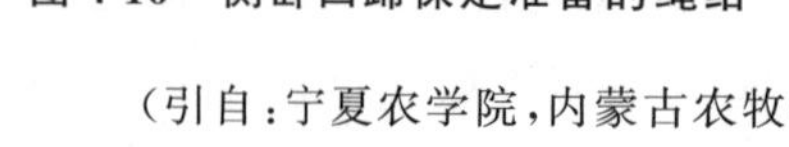

图 4-10　侧卧四蹄保定准备的绳结

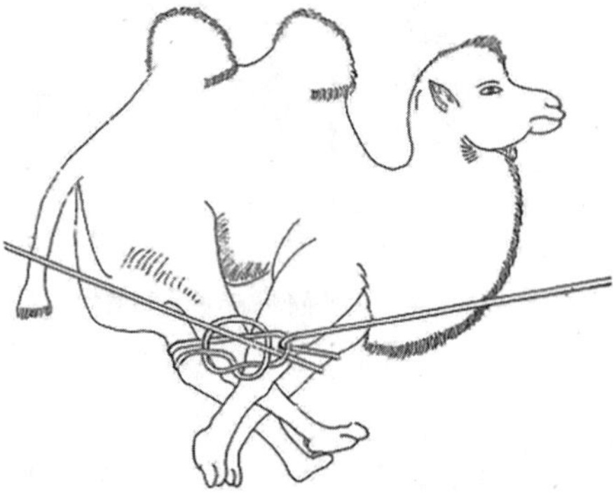

图 4-11 侧卧四蹄保定法示意图

（引自：宁夏农学院，内蒙古农牧学院．养驼学．北京：中国农业出版社，1983.）

七、烙印及耳标

为了对骆驼进行个体编号，须做烙印或耳标。

1. 烙印

骆驼烙印的部位多在左颊部。烙印一般在春天或秋天进行，此时气候凉爽,无蚊虻侵扰。驼羔在哺乳期膘好,容易忍受烙印,烙后易愈合。

进行烙印时,必须将驼保定好(侧卧保定)。为了缩短烙印时间,可先剪去烙印部位的被毛,然后将烧至暗红的烙铁均衡地贴在皮肤上,稍加压力,烙 3～5 s,最后涂上凡士林,经 4～6 周后,烙部痂皮脱落,创面愈合,即显示烙号。

2. 耳标

用特制的耳标钳将铅制耳标系于骆驼耳上,耳标上有钢字模打的所需号码,可标注出生年份、等级及个体号等。耳标一般有长方形和圆形两种。

此法优点是适于大群编号,但有极少数个体常被挂脱掉,须及时补号。

此外,也可在驼颈挂木牌,标记的办法是用 5 cm×4 cm 大的木牌,其上烙有号码,直接用毛绳拴在驼颈上,便于查号。

八、厩舍的建筑

牧区冬季,寒流频繁,气温骤降 5～10 ℃,中强度冷空气的侵袭每年有 20 次以上。骆驼对没有风的严寒,一般都较能耐受,而对有强风的微寒,耐受能力差些。白天温度稍高,又行走觅食,故较抗冻;而在夜间则对风、雨、雪的耐受能力较差,因此应该搭盖棚圈,以御风寒。

1. 棚圈

在多风沙地区,驼圈形式亦为圆形(这样才不致被埋没),少风沙地区可为方形。圈墙可就地取材,用土、石、杂木等均可,圈墙高 2.8 m。也可在围墙坐北向南的地方建立顶棚,顶棚为斜坡式,顶棚的一边搭在围墙上,另一边高 3.5 m,这样可使雨水向墙外流出。这种棚费工,但保暖性比圈好得多。为了便于骆驼分群休息,还可把圈隔成几部分,使每部分都能容纳 25～30 峰骆驼。修棚时平均每峰骆驼占有面积应按 4.5～5.0 m^2 计算,幼驼按 3.0 m^2 计算,圈内面积每峰骆驼应不少于 8.0 m^2。

喂给骆驼的干草藁秆,应放在饲槽里。饲槽应筑在圈的正中,饲槽可用石块、土坯或其他材料砌成,宽 1.2 m,槽边高 60 cm,槽里深 30 cm,槽的周围表面用黏土涂抹光滑。

棚圈的大门,宽应有 3 m,以便骆驼出入,避免拥挤;同时也便于运输草料和粪便的车子出入。门用几根横木做成栅栏。在冬春营地,宜逐年分批建设一些永久性的棚圈，须强调坚固耐用，否则年年盖圈年年不见圈，表面看起来似乎很省，实际上多是浪费。

2. 厩舍

从骆驼安全越冬来说，在冬季时间较长，气候又比较寒冷的地区，当然以有厩舍为理想。

骆驼的厩舍在建筑和设备方面，都比牛舍或马厩简单和经济。

从建筑材料看，可根据本地区的条件，本着就地取材的原则，有什么材料用什么材料。一般都用土和石头筑墙，用杂木、芦苇或草帘盖屋顶，并在芦苇或草帘上抹上厚厚的带有碎草的泥。

在建筑形式上，厩舍与前面所讲的棚圈不同。除沿着院墙建筑供大部分骆驼过夜的三面有墙的开放式棚舍外，还应在正中建封闭式的房屋，作为产房和驼羔幼驼及病驼、弱驼过夜用。

在厩舍的屋顶应设置通气孔，以便厩舍内空气流通，温度和湿度正常。南面墙上开窗，窗户不宜过大，一般窗户面积占厩舍内面积的12%～15%。窗上也不必装窗门，在最冷时可用塑料薄膜或草帘挡风。厩舍的门宽不少于2 m，高不能低于2.5 m。厩舍面积与棚圈面积相同，平均每峰骆驼应占4.5～5.0 m^2，幼驼3.0 m^2，产房可适当放宽至8.0 m^2。厩舍的屋顶高度应不低于3.5 m。

在未入冬以前，旧的厩舍应很好地修缮、清扫和消毒，墙壁和地面最好刷石灰乳，地面不平的应垫平。骆驼夜间休息时，地面最好铺上干燥而柔软的褥草或者每天撒垫细而干的土，既保持厩舍地面干燥和卫生，又能增加积肥的数量，积肥每月至少清除1次。

任务四　役用骆驼的饲养管理

一、役用鞍具

1. 驮鞍

驮鞍一般由鞍垫、鞍间垫、鞍架草垫、架杆、鞍索、胸带(肚带)六部分组成。

鞍垫和鞍间垫系薄毡片，紧贴驼体，防止驼背受伤；鞍架草垫分左右 2 块，由 2 个用麻袋内装麦秸压制缝合而成，是长 120 cm，宽 70 cm，上厚 20 cm，下厚 10 cm 的 2 块呈长方形的屉子，各附架杆一根。架杆两端用绳子相互联紧，固定在驼背上。架杆的中部有一扁长的胸带（肚带），经胸垫（腓胝体）后缘，将鞍架草垫扎紧。骆驼驮鞍见图 4-12、图 4-13。

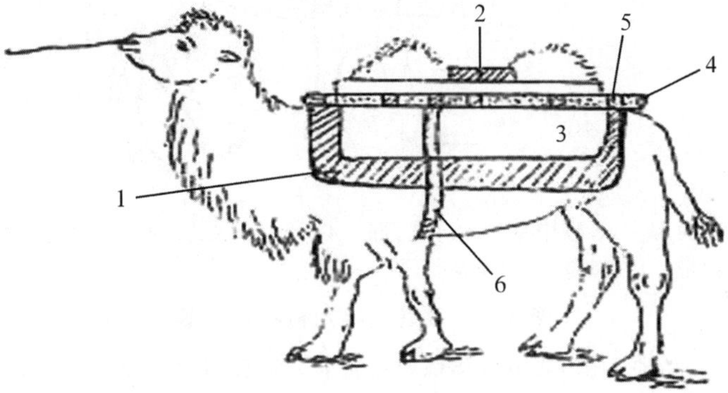

1. 鞍垫 2. 鞍间垫 3. 鞍架草垫 4. 架杆 5. 鞍索 6. 胸带（肚带）

图 4-12 骆驼驮鞍示意图（甲）

（引自：宁夏农学院，内蒙古农牧学院．养驼学．北京：中国农业出版社，1983.）

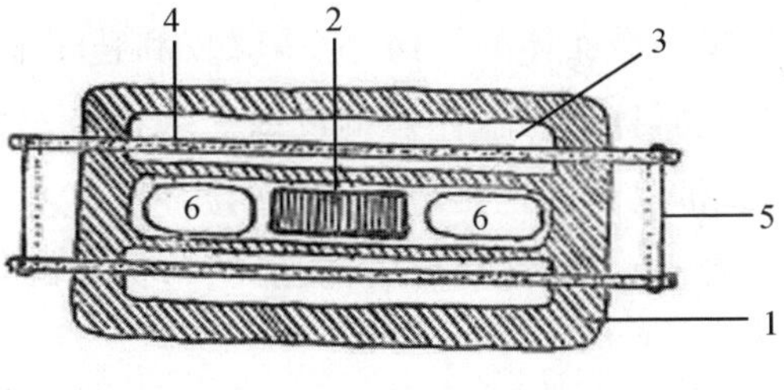

1. 鞍垫 2. 鞍间垫 3. 鞍架草垫 4. 架杆 5. 鞍索 6. 驼峰

图 4-13 骆驼驮鞍示意图（乙）

（引自：宁夏农学院，内蒙古农牧学院．养驼学．北京：中国农业出版社，1983.）

2. 挽用鞍具

挽用鞍具系用皮带制成，固定于驼体上，这样利于发挥出较大的挽曳力量，并能适应于各种个体大小不同的骆驼。这种挽鞍由鞍身和鞍带两部分组成，见图 4-14。

鞍身：分鞍前部、鞍中部与鞍后部三部分，由连接环连系起来。

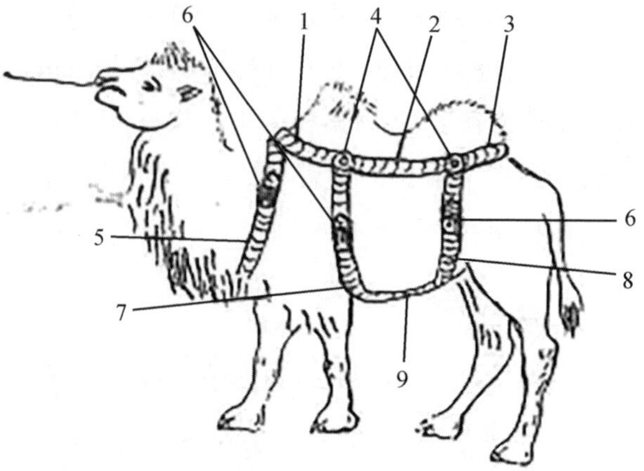

1. 鞍前部　2. 鞍中部　3. 鞍后部　4. 连接环　5. 颈带　6. 活扣环
7. 胸带　8. 腹带　9. 连系带

图 4-14　骆驼的挽用鞍具示意图

（引自：宁夏农学院，内蒙古农牧学院．养驼学．北京：中国农业出版社，1983.）

鞍带：即胸带、腹带和颈带。

鞍身的前部用 2 层鞣皮和 3 层毡子制成，长 105～115 cm（视个体、品种的大小而定），宽 12 cm。中部和后部用 2 层鞣皮和 2 层毡子制成，长 95～105 cm，宽 8 cm。连接环靠驼体的一面，应用鞣皮和毡子制成圆形的垫子衬垫着，以免因连接环的移动，擦伤骆驼体躯的皮肤。拖挽时车辆的辕索或犁、耙的套索，固定在鞍身与胸带之间的连接环上，此连接环在鞍身的左右两侧各 1 个。在颈带、胸带、腹带与鞍身之间，还装置有活扣环，可以扣解。

3. 乘用鞍具

乘用鞍具分鞍垫、鞍身、鞍带三部分。鞍垫分峰间垫与背垫 2 种。先放峰间垫，然后盖上背垫；鞍身为圆拱式，安装在峰间垫和两驼峰上面，鞍身两侧有踏脚蹬。

二、控吊

控吊是短时期节制饮食，变非役用体况（如过肥等）为役用体况的一种措施。许多地区的牧民，对各种役用家畜，在使役前很注意施行严格控吊，“乘肥马以涉远道，十有九死”意即指此。

一般认为，骆驼经过了好的控吊，就能长久地保持耐役性能，在艰苦环境条件下不掉膘、不软腿、不生病、不长癞，是役用前的一种必要准备工作。控吊开始于每年秋季抓膘结束后的10月中旬。控吊方法是在每日清晨放牧半小时左右以后，即将骆驼拴系在凉爽处，整天不让喝水；如此连续的时间，骟驼是7～10 d，孕驼是4～5 d；控吊期间如偷饮水，则须重新开始控吊或经骑乘使其出汗后继续控吊。控吊达到预定时间后，先让休息1 d，第2天饮足水，随后转入正常的放牧、使役和饮水。

三、使役中的注意事项

荒漠地区的长途运输驼队，冬春均不补饲，每天下午4:00上垛起程，直到深夜11:00，持续7 h的运行后，卸垛夜营，并将骆驼撒场放牧，直到次日下午4:00再行上垛起运。

具体驮重可视驼体大小、营养好坏与驮运表现酌情增减。

装卸地点应选在平坦松软的地方，因此时驼体接触地面的压力较大，如果让它卧在坚硬的或凹凸不平之处，就会导致其角质垫受损。

每次驮货前要注意把骆驼背腰两侧的草棍、石子块等扫净，并仔细检查驼背；如发现压伤，须立即判明原因，采取补救措施。尤其在脱毛以后，皮肤最易被鞍具擦伤。

骆驼所用鞍具应适合，个别骆驼须据其体躯特点制备，并固定使用，不仅可使骆驼习惯，而且还可防止传染病。

驮运时，对垛子装卸结扎的操作必须正确，垛子两侧的重量应相等(但对驼峰倒向一侧的那边，垛子可稍轻一些)，否则所驮货物会在运输中向一侧歪斜或前后滑溜，不仅耽误工作，而且还会给骆驼增加许多不必要的负担。另外如上垛不当，骆驼的腰、腹、膝等处很容易造成压伤，长期不能役用。

结扎好以后，不应有摇动现象。为了避免摇摆，一定要找好垛子的重心位置(垛子位置以在体轴中线为好)。

骆驼上垛后的起立须待全组骆驼上垛完毕，然后逐一牵起上练。对个别上垛后立即起立的骆驼，可用简易保定法控制。

编练的时候要充分考虑骆驼步样的特点，步快的骆驼系在练尾，步慢的骆驼系在练首。

起程前应饮好水，使役中应防止滥饮。因为在劳役时体温增高，而又突然暴饮深井水，很容易发生意外事故。每行走 10 km 应休息一次，同时系统检查全练垛子的松动情况。对疲劳的骆驼，停役以后，先给饲或在附近放牧。过 2～3 h 后才让其饮水。

在长距离运途中，对某些骆驼可根据膘情和病况进行调整，减少驮重或停役，由后备驼补充之。

当骆驼服重役后，应休息 1～2 h，再卸下鞍具和给予饮水。如在冬季寒冷的日子里，最好不要把鞍具卸下，只松动肚带和夹杆绳即可。

如果途中多砾石，须准备好"蹄套"。蹄套主要给蹄盘受伤的骆驼用。蹄套宜用轮胎皮或生皮制成，而用毡子或柔软的东西做衬垫，把蹄套套在病蹄盘上后，将蹄套用皮绳在管骨处拴好。

四、役驼的补饲

使役的骆驼由于使役过重，放牧时间少，主要靠人工喂草喂料。终年放牧的骆驼，在冬春两季，对于怀孕母驼、哺乳母驼、幼驼以及种公驼等，也应适当补给草料。

1. 饲料的种类和调制

舍饲所用的饲料，按照饲料的营养价值，可分为粗料和精料：

(1)粗料

①藁秸和秕糠：如谷草、玉米秸秆、麦草和秕糠等。

②干草：如草地干草、苜蓿干草、豌豆蔓等。

③根菜及其他：如蔓菁、胡萝卜、马铃薯、锁阳、青贮料等。

(2)精料

①谷类：如大麦、青稞、燕麦、玉米、高粱、黑豆、草籽等。

②加工副产品：如胡麻饼、菜籽饼、麦麸、糖渣等。

③矿物质饲料：食盐、骨粉等。

上述各种饲料，可根据各地区情况酌情确定。应用时，须加工调制，既可减少浪费，又可帮助消化。例如：藁秸、干草等要细，豆料、高粱等要泡软，谷粒要压碎，否则会有过料现象（即整粒谷粒，虽被食，但不能消化，而仍随粪便排出）。此外，油饼应粉碎成小块再喂。根菜要切成片状，不要切成方块或整个喂，以免梗塞食道。饲料在加工调制以前，应仔细经过选择、过筛，除去尘土、砂石等杂物。

2. 饲喂的方法

根据体格的大小、劳役的轻重、营养状况以及放牧情况等，决定喂草、喂料的数量。一般每天分 3 次喂，白天在工作前和工作后以喂精料为主，少喂些粗料，晚上以喂粗料为主。食盐和骨粉由骆驼自由取食。

舍饲期间，每日饮水应让它饮足，要照顾到它的特性，不宜很快把它牵开。

3. 役用骆驼的喂料量

依据体格的大小和劳役的轻重程度来决定。体大工作重的，应适当多喂一些，反之可少喂。

任务五　种用驼的饲养管理

饲养种用驼的目的在于扩大骆驼的数量，并提高其质量。骆驼的繁殖季节一般在 1—4 月份，此时牧草枯黄、气候严寒。在此期间既要发情配种，又要产羔育幼。因此，从合理饲养的角度来讲，不仅在夏秋季节要做好放牧管理，同时也要加强冬春繁殖季节的饲养管理，这样方能达到全配、全怀和全产、全活、全壮的预期效果。

一、种公驼的饲养管理

正确地组织种公驼的饲养管理，可使种公驼体质健壮，在整个配种季节里，能够保持种用体况，精力充沛，性欲旺盛，精液品质优良，延长役用年限，提高母驼的受胎率，并获得品质优良的幼驼。相反，如果饲料中缺乏必需的营养物质或者品质不佳、过度肥胖、交配过度等，都会造成种公驼的繁殖障碍，使很多母驼空怀。

种公驼在配种季节到来之后，往往性欲猛增，食欲减退，行动反常，体力消耗很大。为了保证配种任务的完成，应从 11 月中旬开始，对种公驼逐渐补料。从 12 月中旬起，在整个配种季节里，种公驼的日粮应具有完全的营养价值，力求多样化。由于冬春缺乏青绿饲料，有条件的地区还应加补一定数量的胡萝卜、大麦芽或锁阳等富含维生素的多汁饲料，增进种公驼的体质，提高与改进精液品质。

我国牧区饲养种公驼，一般在草质好的牧草地放牧时不加补饲。但在雨水少的干旱年里，则应根据草质和种公驼的实际体况，补饲优良干草 3～4 kg，混合精料 1～3 kg，有条件的还应加补锁阳 2～3 kg，也有的在种公驼交配（2 次/d）时期，灌服酸奶 1～2 kg 或带汤瘦羊肉 2～3 kg。

对于舍饲种公驼，配种期日粮则按照每 100 kg 体重，饲喂优良干草 0.8～1.2 kg，多汁饲料 1.0～1.5 kg，混合精料 0.5～1.0 kg，以及相应数量的食盐、钙、磷。

繁殖母驼群中可按（1∶25）～（1∶30）的比例，放入一峰种公驼或再放入一峰后备青年小公驼以保证配种需要。对性情暴烈的公驼，应戴上笼头缰绳，控制其张大口腔。同时，可将缰绳的一端拴在左前肢管部上，使其不能抬头，以防打架和伤人。接近种公驼时要温和大方，轻拉缰绳，轻轻抚摸被毛，在任何时候都不允许逗弄种公驼，避免产生恶癖。

公驼在配种期间，特别是性欲高潮时期，食欲大为减少，腹部上卷。随着配种日数的增加，体力消耗很大，为了不影响配种受胎，除细心照料外，必须严格控制配种次数，每日不应超过 2 次，每周应停止配种 1 d。

骆驼配种应该在早晨或白天进行，晚上归牧后，将种公驼分开拴系，距母驼要有一定的距离并给予补饲。配种场地不宜人多，应保持安静。一般公驼交配不需要辅助，但遇到特殊性情暴躁的公驼时，应有人在旁，以便随时进行辅助。

配种结束后，4 月中旬应减去嗉毛、鬃毛和肘毛，除去笼头并编入骟驼群，进行收毛和夏季放牧管理。

二、怀孕母驼的饲养管理

培育生产性能较高的骆驼，必须从胚胎期着手。因此，给怀孕母驼以合理的饲养管理，对其分娩后的泌乳量和驼羔生长发育十分有益。母驼配种受胎后，性情安静，代谢旺盛，食欲剧增且怀孕的前期恰是青黄不接的春季，既要负担胚胎的正常发育，又要负担所产驼羔的哺乳。根据上述特点，正确地饲养怀孕母驼，关键在于春季牧地的选择，母驼配种后须在牧草生长茂盛、草质优良的牧地上放牧，以满足营养需要，否则应及时加补精料。

从目前我国养驼业生产看，无论牧区或半农半牧区，骆驼的饲养是以放牧为主，一般不实行补饲，只是在部分条件好、有贮备草料的牧区，在草质不佳和孕驼比较瘦乏时，给予少量精料。补饲量视个体而定，多者达 3 kg，少者 0.5～1.0 kg。有的也仅给瘦乏骆驼灌服少量米汤、面汤或淘米水等。

母驼配种受胎后 3 个月泌乳量显著减少，5～6 个月时泌乳量更少，甚至自行干乳，此时期恰是夏末秋初，牧草生长比较繁茂，应做好断乳、分群工作，保证怀孕母驼抓好秋膘，促进胚胎发育。

怀孕母驼与怀孕母马一样，最易发生流产，尤其是怀孕前 6 个月，往往由于惊吓、猛赶、拥挤、猛力打击头部和腹部、公驼的爬胯、意外的声音、役后立即吃碱柴、脱毛后受暴雨刺激以及冬季空腹大量饮水等刺激而引起子宫强烈收缩，发生流产。所以，对怀孕母驼的管理，应从上述方面做好保胎工作。为了做好这一工作，重要的是对配种 14 d 后表现拒配的母驼，及早地进行早期妊娠诊断，凡是被确诊为受孕的母驼，都应细心护理，特别是 4～5 岁的青年母驼，常因性情活泼、好动，较易流产。

母驼怀孕后应尽量减轻使役。一般在受孕 15 d 时可做轻微的劳役，5 个月时使役不能连续 2 周，6 个月后可做零星的劳役，10 个月后应停止使役。

初产青年母驼常常在临产时行动异常，突然离群，自寻产地，因此应密切关注，严加管理，归牧后可拴系或关入驼圈。

此外，还应避免在有毒牧草的草场上放牧。

三、带羔母驼的饲养管理

母驼产羔后的最初几天，母性很强，常因守羔而不吃不喝，不愿远离，经驱赶后，勉强离羔，又总是几步一回头，频频哞叫，不安心吃草，膘情急剧下降。因此，产羔应准备足够的饲草料，予以补饲。

舍饲带羔母驼，每日可喂优良的豆科和禾本科牧草 5～6 kg，混合精料 2～4 kg，以及适量的食盐、钙和磷。有条件地区，最好能够补喂胡萝卜或大麦芽 1.5～2.0 kg。

放牧母驼群应选择草质好、水源近、背风、向阳的草场作为冬春营地，以满足孕驼和带羔母驼需要。有贮备饲草料的牧区，则可给带羔母驼补饲干草 3～5 kg，精料 1.0～2.0 kg。

产羔母驼群在天气炎热到来之前即 5 月份以前应做好转场工作，在天气炎热以后就不能再远距离移牧。否则，会由于母驼留恋旧草场，采食减少，泌乳量下降，而影响驼羔的生长发育。

产羔母驼应每日饮水 1 次，在遇到风雪、雨天时，应在乏弱母驼的背上搭盖毡片，以防御风寒，可不予饮水。产羔 1 个月后，除风、雪、雨天外，可让母驼带领驼羔在附近放牧。归牧后应将驼羔进行系留，以防夜间母驼带领驼羔自行远离。产羔后 3～4 周，可剪去母驼的嗉毛、鬃毛和肘毛。带羔母驼的被毛脱落较其他骆驼迟，收毛时应先收四肢、腹下颈部和体侧毛，背部毛待到小暑后收掉。

对泌乳量较高的母驼则可每日早晨或晚上挤乳 1～2 次或者将驼羔哺乳后剩余的乳汁全部挤净，这样有利于提高泌乳量，防止驼羔过食而引起消化不良。随着驼羔生长发育速度的增加，挤乳次数应逐渐减少，甚至停止。但在草质不佳、母驼泌乳量不高时，应先满足驼羔需要，严禁挤乳。

初产母驼若母性不强，不让驼羔哺乳时，可强行保定两后肢，人工辅助驼羔进行哺乳，3～5 d 习惯后即可。

产羔母驼在第 2 年发情、配种、受胎后，随着怀孕月数的增加，泌乳量逐渐减少。

任务六　驼羔的生长发育及其培育

近几年在培育驼羔方面，获得了较大进展，尤其是随着生物科学的发展，特别是在遗传学、生理、生化等方面不断发展，给我们提供了许多科学依据，使我们有可能在掌握驼羔生长发育规律的基础上，通过选种选配、饲养管理等手段，有效地提高骆驼的生长性能。

一、驼羔的生长发育规律

根据个体发育，骆驼大致可分以下阶段：

1. 胚胎时期

(1)胚胎期　各种主要系统和器官，如肝、肺、肾、心脏以及大脑部分的分化已经形成。这一时期从受精卵开始，大约延续到第 2 个月初。

(2)胎前期　这一时期为胎儿发育的紧张时期，主要器官的解剖学和形态学特征已经形成，其延续时间为从第 2 个月初到第 3 个月末。

(3)胎儿期　在这一时期胎儿发育比较平稳，主要是增加重量，出现新的器官组织和被毛等，同时中枢神经系统开始发育，这一阶段从第 3 个月末到第 13 个月末。

2. 生后期

(1)初生期　这个时期约延续 2 周，是驼羔变化最大的时期。在最初 1 周，体温调节机能及酶逐渐发育，在无条件反射的基础上，逐渐形成条件反射。由于胃的构造和分泌机能的关系，营养物质主要依靠乳，对饲料尚不能利用。

(2)驼羔期　从生后第 2 周末到 2 周岁。驼羔在第 4 个月龄以后，逐步开始采食青草，消化器官逐渐增大，对粗饲料的利用能力逐渐提高。6 个月内的日平均增重约为 0.6 kg，而在满周岁时，即能达到成年体高的 84%和成年体重的 40%，因此驼羔的哺乳期，是出生后生长发育最迅速的时期。

(3)青年期　从 3～5 周岁，性器官和第二性征逐渐发育，外形上逐年表现出两性特征，对粗饲料已有较高的利用能力。在此阶段若连年营养不良，或过早使役，生长发育将会受到显著的不良影响。

二、驼羔的培育

1. 驼羔生长发育的一般规律

驼羔生长发育与其他草食家畜的幼畜相比，在规律上大同小异，即在胎儿时期，四肢骨的生长最为强烈，故初生驼羔表现为头大、腿长、躯干短，胸浅、背窄、荐部高，在此以后，开始是长度方面的生长占优势，最后才是深度和宽度方面的加速生长。由此可见，骆驼从初生到成年的外形变化，仍然是先长高，后加长，最后才是向宽和深的方向发展。

从生长速度，特别是从生长强度来看，以生后第 1 年的增长最为剧烈。而在第 1 年中，变化最大的是第 1 个月，可见此期培育驼羔的重要性。

2. 初生驼羔的护理

初生驼羔的体重较小，一般每只 35～45 kg，个别驼羔初生重能达 60 kg。与其母体比较，只占母驼活重的 5%～7%。马驹初生重则为母马的 9%～11%，由此可见，其成熟程度较马驹差。正因为如此，初生驼羔一般较弱，往往步态踉跄，不能很好站立，而且出生后 10 d 内体温调节酶的活动以及各组织器官的机能也很不健全。因此，必须加强护理。由于母驼不舐羔，所以接羔员应该用干布将口腔和头部天然孔的黏液擦净，撕去体外的套膜，擦干被毛，消毒脐带，用毡片包着胸腹，并将驼羔放在铺有干粪末的地上，晚上或恶劣天气，可将驼羔放入接羔棚中。

第 1 次哺乳是在出生后 2～3 h 进行人工辅助。在哺乳前应洗净母驼乳房，挤去最初几滴初乳。为了促进胎粪排出，可在哺乳之前给驼羔灌服 80～120 g 蓖麻油或清油。第 2 次哺乳是在第 1 次哺乳后的 3～4 h 进行。以后哺乳，不论白天晚上，最好每 3 h 让母驼哺乳 1 次。对于泌乳量较高的母驼，可每日早晚各挤乳 1 次，以防止驼羔过食，引起消化失调。

有少数初产母驼不认羔，须辅助哺乳。帮助哺乳的方法是用绳将它的一条后腿拴在重袋上或桩上，把母驼稍向前牵，这条后腿被拉向后，就可在同侧帮助驼羔吮乳，3～4 d 后，母驼即能认羔。

3. 驼羔的饲养管理和断乳

初生 10 d 左右的驼羔，用埋设在运动场上的转环长绳，轮流系于前臂，1 个月以后，可戴上笼头，随同母驼短距离出牧，4 月龄以后进行笼头拴系，便于挤奶和调教。

初生驼羔对奶有很高的消化率，随着月龄的增长，奶的消化率逐渐下降，这说明驼羔体内酶的活动在逐渐发生改变，由适应动物饲料为主，逐渐转为适应植物饲料为主。

哺乳期是驼羔生长发育较关键的时期，发育良好的驼羔，在满周岁时，应该完成成年驼体高的 84%，体长的 76%，胸围的 72%，活重应该不低于 150 kg。

驼羔在 4 月龄以内的营养和成长，几乎全靠母乳供给，4 月龄后开始逐渐吃草，直到 16 月龄以前的驼羔，都还必须食母乳，过多地挤奶对驼羔极为不利，尤其是 6 月龄以前的驼羔，所以挤奶的次数和量应该随驼羔的生长发育逐渐减少。

放牧条件下的驼羔应采取自然断乳。事实证明，当驼羔在不满周岁时母驼死亡而被迫断乳的驼羔，在生长发育方面，无论如何也赶不上 16～18 月龄自然断乳的驼羔。进入冬季营地后，可根据草场条件，对不满 1～2 周岁的驼羔，每天分别给予 1～2 kg 混合精料和不少于 20 g 食盐的补饲，这样才能保证其基本生长发育的进行。

断奶后的驼羔不应殴打、恐吓和异常的逗弄，但须经常地进行背部负重和牵引驯练，这样有利于骑乘、调教和夏收毛。

项目五

驼病防治

任务一　驼病的检查和诊断及用药特点

一、临床检查

1. 视诊

先进行一般观察登记，如性别、年龄、营养和名称等，之后由表及里观察被毛、姿势、分泌物、反刍及行为动作等。

(1)被毛　被毛粗乱，皮肤粗糙，多见于驼虱、疥癣。毛色青短、干燥，见于慢性病或长期营养不良引起的“青干”。渗出增多、被毛缠结，见于疥癣和慢性湿疹。嘴唇周围皮肤有疱状物是传染性口疮的特有症状。体表外伤、脓疱等则易于发现。

①拔毛部位及方法：拔肘部、峰尖及颈部下沿的长毛一小撮，观察毛的色泽、脆性、弹性及有无毛根。

②毛色鉴别：健康骆驼被毛具有光泽且滑润，有弹性，毛根色白，毛球(毛囊)用手捻时坚韧而有弹性，在脱毛季节也不易拔出。拔毛时会有痛感。患病骆驼被毛粗乱、无光泽、干燥，根部不带毛球，手捻时松脱易断、无弹性。

③拔毛诊断歌

拔毛诊断骆驼病，毛质毛色要辨清。

毛根坚韧气血胜，毛根松脆气血损。

毛根色白无病型，毛根黄白劳伤症。

毛根焦黄暑热侵，毛根变黑败血型。

夏秋脱毛暑湿症，冬季脱毛瘀血型。

临床实践再实践，辨证施治驼扉宁。

(2)采食、反刍和饮水　骆驼采食动作和绵羊相似，采食树木枝条时用捋的方式。在采食和使役间歇反刍时多为卧姿。正常驼反刍有力，节奏整齐，反刍一个食团咀嚼40次左右，吃青嫩草咀嚼次数较少，吃粗干硬草咀嚼次数增加。如采食、反刍动作谨慎，见于口腔炎症、牙病。腹围缩小采食、反刍减少，见于消化道疾病、热性病、慢性病。采食、反刍停止，见于急性前胃臌气、危重病症。无反刍，可人工诱发后观察。方法是在左侧倒数第1、2肋间隙中段用指端着力顶压，即可引起反刍，无食团返上时，则出现空口咀嚼，是病情比较严重的表现。

正常骆驼饮水是吸食动作。饮水量的多少与季节、采食草的种类、使役情况和性别有关。一般成年驼一次饮水量50～100 kg。饮水减少或不喝水的病理现象见于流感、鼻疽等。饮水次数和饮水量增加，见于急性、热性病。

(3)姿势　正常站姿体态自然，伏卧安详，见生人接近时站起躲开或喷草自卫。躁动不安多见于食道阻塞或进入陌生环境，幼驼离群独处等。站立歇蹄多为蹄病。四肢开张、口紧尾直，形似木驼是破伤风的典型症状。四肢集于腹下，见于冷冻、高烧。癫狂见于脑炎、中毒性疾病。迎太阳呆立，见于许多慢性病和中毒病。前进时前肢如上绊是前肢和胸腔疼痛的反应。跛行见于风湿症等，敢踏不敢抬，病多在四肢上部；敢抬不敢踏，病多在蹄部。踢腹、卷尾、拧腰，横卧翻侧滚转，四肢仰展，有时呻吟，并用尾打腹部者常见于冷腹痛、肠便结、流产及泌尿系统疾患。伏卧时头颈伏于地表见于疲劳、鼻蝇蚴病及衰竭重症。伏卧中两胸侧交替斜向一边倒多见于肺和胸膜疾病。

(4)口色及眼结膜　由助手牵定鼻棍，固定头部，术者以食指、中指由口角犬齿后插入口腔，牵拉出舌体后检查口色。正常骆驼口腔黏膜、颊、舌多具有青色斑点，光泽而润滑。在舌系带附近及上唇黏膜部分区域呈粉红色，故在检查病驼时，常以此两处黏膜色泽的变化，干湿度和光泽作为诊断疾病的依据。如感冒风寒口色变淡、变白；色青，反映肾经疾病、风湿症；色红而干燥多见于肠炎、结症和其他热性病；伤水、湿伤脾胃，则黏膜色黄、黏湿。必须指出骆驼因毛色和季节等不同，口色也有某些差异，需要认真观察，注意鉴别。

正常骆驼的眼结膜色泽基本一致，其检查方法和诊断意义与马相同。

（5）粪、尿　正常粪便呈核桃大小球形，椭圆形，俗称“羔旦子”。采食反青绿珍珠、黄刺叶柄棘豆等，粪成松散球形或猪粪团形。病驼的粪便小，两头带尖似枣核形状者多见于便结、慢性消化道卡他性炎症、前胃弛缓等。腹泻见于传染性腹泻、肠炎等。排粪减少或停止见于便秘、饥饿、慢性消化道疾患。

骆驼排尿呈细流似脉搏样向后喷射。母驼如牛、马排尿动作。尿液一般为碱性，尿色清亮。长期饥饿或慢性消化道疾病时尿液常为弱酸性。尿色变深多见于热性病、失水。排尿动作改变、淋沥见于尿道结石。带血见于泌尿系统炎症出血或某些中毒病。

（6）大群观察　在牧区群牧饲养条件下，配合询问是发现病驼的第一步，应注意观察驼群中掉队、跛行、腹围细小、神情不安的骆驼。

2. 听诊

直接听诊是用一块干净的布铺垫在听诊部位，用耳朵贴上去听。间接听诊是借助于听诊器进行。

听诊体表定位和界限具体如下：

（1）肺界　与牛大体相似，也为三角形。前界从肩胛后角向下沿肩臂肌肉到肘突的连线；上界自第 2 腰椎横突末端向前引一水平线至肩胛骨后角；后界自第 12 肋骨与上界交点起，向前向下经过髋结节线与第 11 肋骨交点，肩关节水平线与第 9 肋骨交点，再向前向下止于肘突。

由于骆驼皮肤紧厚，肺泡呼吸音在正常情况下不易听清，当在剧烈活动和使役后，可在肺界较大范围内听到较低弱的“呋”音。患有肺炎时，可常在肺的前界中部听到干、湿啰音。

骆驼代谢水平低，呼吸平稳缓和，每分钟 5～12 次，检查的方法一般是站在后边观察腹部起伏活动，该法较听诊方便。

（2）心脏　骆驼的正常心脏位置前界止于第 3 肋骨前缘，后界止于第 5 肋骨后缘，上界在肩关节水平线稍上。体外听诊心脏的位置则应在肩关节水平线以下，胸廓以上，第 5 肋骨前听诊较为清晰。骆驼的正常心音与马相似。心跳一般每分钟 32～52 次。

（3）前胃　与牛的相似，位于左侧，听诊或触诊时，应在左侧三角区。沿左最后肋骨后缘向前向下也可听诊和触诊。正常前胃按压时感到柔软，听诊蠕动音与牛相似，蠕动功率每 2 min 约 3 次，每次可持续 20～50 s。在前胃积食、臌气或弛缓时，蠕动减少或停止。

(4)结肠　触诊或听诊在腹下耻骨区、脐区左侧进行。触诊时，该区域腹壁紧张但柔软。听诊时常可听到“嘀咕”音。

(5)小肠　位于右侧肷部，临床上常在右肷三角区听诊或触诊。正常右肷触诊时柔软波动。听诊时可听到较低的流水音。

(6)后胃(真胃、皱胃)　在体右侧呈两头内卷蚕形，尾部恰在第 12 肋骨弓处，体外触诊沿右侧肋软骨向前向下触摸，正常时腹壁紧张，但触摸柔软，后胃蠕动临床上不易辨清，故多不进行听诊。

骆驼内脏检查的体表投影位置见图 5-1 和图 5-2。

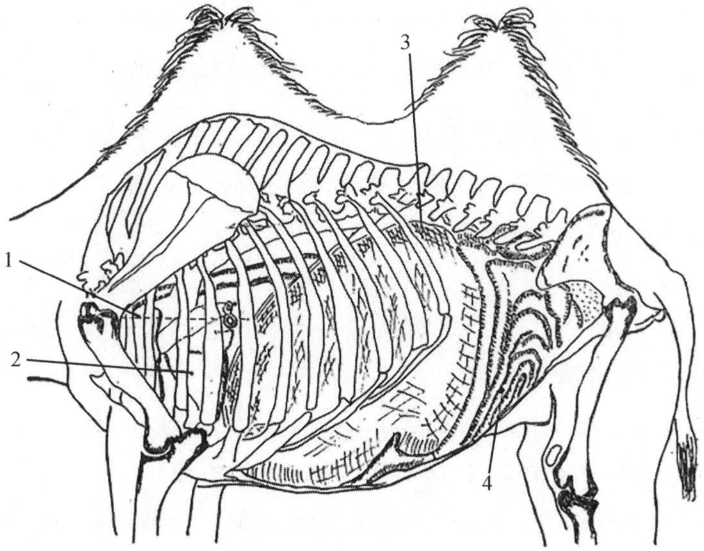

1. 肩关节水平线　2. 心脏　3. 肺脏　4. 结肠

图 5-1　骆驼内脏检查左侧体表投影示意图

3. 闻诊

包括听其声音和闻其气味两个方面。

健康骆驼在与人接近或使役过程中，不发出奇怪叫声，如使役不当或过度，则常发出“哦、哦”之声，特别是在单个使役时，常成为恶癖。在驼羔死亡或重病后，哺乳母驼常发出音调很长的“嚎声”。正常反刍节律整齐，声音清脆有力。

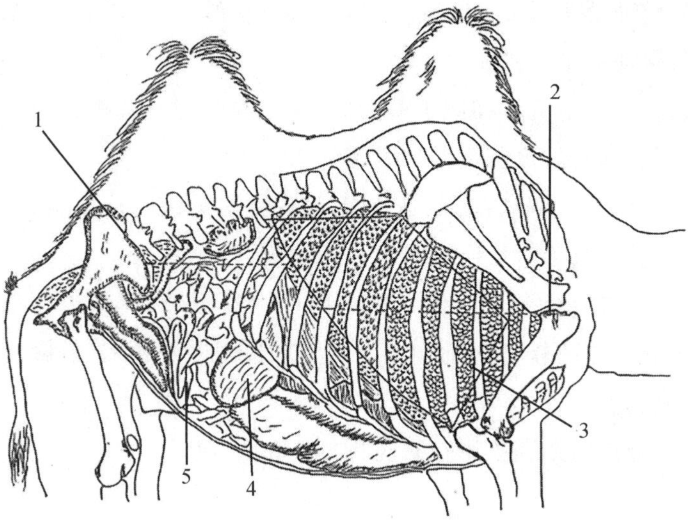

1. 髋结节线　2. 肩关节水平　3. 肺脏　4. 皱胃　5. 小肠

图 5-2　骆驼内脏检查右侧体表投影示意图

声音节律和次数的变化多为病态反应。正常骆驼口腔有一股草焦味，如出现有酸臭味为消化不良、慢性胃炎症状。喷鼻、摇头为鼻炎或感染鼻蝇幼虫的表现。咳嗽多为上呼吸道炎症、流感等。

4. 测体温

正常体温范围 35～38 ℃，一般情况是幼龄比老龄体温高，下午比上午高，饮水后体温可暂时下降 1 ℃左右。

5. 触诊

对驼病诊断有一定价值，包括切脉与触诊两个方面。

(1)切脉　切脉部位为第 5 尾椎腹面的尾动脉。每分钟搏动次数和心跳一致。正常脉象节律整齐，洪大而平。中暑脉象长而有力，饮冷水过多时迟细而小，濒死期的病驼出现“雀啄、屋漏、虾游、解索”等死脉。

(2)触诊　一般触摸体表温度，有无肿胀或肿胀部软硬、大小，温度及痛感。体表淋巴结可触摸下颌淋巴结、咽淋巴结、腮下淋巴结、肩前淋巴结和胸前淋巴结等。

正常骆驼胸前淋巴结呈椭圆形，质硬，表面光滑、紧贴皮肤。

6. 问诊

向放牧饲养人员主要询问放牧草场、饲养管理、使役情况、发病时间、发病峰数、排粪排尿、主要症状及饮食欲等信息，以便帮助诊断。如大群发病可考虑传染病、中毒病及寄生虫病。去势手术后发病则需考虑破伤风、恶性水肿及其他去势并发病。移牧、长途运输骆驼则考虑草场适应性及中毒等。为了某一病做出准确地反应，必要时还可召开相关人员座谈会搜集有关病史及防治经验。

二、用药特点

根据骆驼体格大、对疫病耐受性强、消化器官与其他家畜不同等特点，其用药剂量一般相当牛马的 2 倍或者按规定剂量以体重给药。另外还要看骆驼对某种药物的敏感程度，不能一概而论，但也不能一成不变。应坚持“整体观念”和“辨证论治”以及机体的恒动特点。以病程长短、机体的盛衰、病位的深浅、年龄的老幼、病势的轻重缓急为依据，做出对病症的准确判断，拟定恰当的处方，给予不同的药剂，采取不同的给药方法，才能取得满意的效果。

任务二　骆驼常见疾病的防治

一、骆驼常见传染病的防治

1. 破伤风

破伤风是由破伤风梭菌引起人和多种家畜共患的急性热性传染病，又名强直症，俗称锁口风。主要特征为运动神经中枢应激性增高和全身骨骼肌持续性痉挛。

(1)传播特性　破伤风梭菌广泛存在于自然界，尤其是腐殖质较多的土壤中。本病经过伤口感染，如刺伤、脐带伤、阉割伤、鞍伤、笼头磨伤以及大手术等深创伤，创面损伤复杂的最易感染。

(2)流行特点　骆驼对本病易感性强，尤其穿鼻棍的骆驼，拉破孔的容易感染。另外，幼驼断脐后消毒不彻底也容易感染。

(3)症状　潜伏期 7～14 d。初期，肌肉强直，咀嚼不便，唾液外流，面部肌肉紧张，精神沉郁。随后，瞬膜外漏，牙关紧闭，四肢痉挛僵硬，应激性增高。最后，全身肌肉痉挛，角弓反张，站立困难。

(4)治疗　消除病源，中和毒素、镇静、解痉，将骆驼拴在避光安静处，避免强光刺激和惊扰。

①破伤风抗毒素：早期静脉注射 20 万～30 万 IU，以后每日注射 10 万 IU，连续 3～6 d。同时，静脉注射 40%乌洛托品 100 mL，每日 1 次，连续 7～10 d。

②及时清理创口：创口小、创伤深的要扩大创口，用 3%过氧化氢或 1%高锰酸钾消毒，消除创肉坏死组织，再用 5%～10%碘酊涂擦，然后再用温热的高锰酸钾溶液在患部热敷，每日 2 次，每次 30 min。扩大的创口不要缝合，并撒抹碘仿磺胺粉。

③中药疗法：防风 30 g、羌活 30 g、南星 30 g、炒僵蚕 30 g、蝉蜕 40 g、全蝎 30 g、川芎 25 g、清半夏 20 g、白芷 30 g、黄酒 250 mL(黄酒只用一次，后改用蜂蜜 500 g)，以上药水煎后灌服，连用 3 剂。

④维持营养：每天清理口腔内的草团，不能采食和饮水时，可静脉输入葡萄糖盐水，并用胃管投服流质食物。输液和插胃管前 30 min，宜静脉注射镇静解痉剂。胃管投喂时应防止胃管误入气管。

2. 炭疽

炭疽是由炭疽杆菌引起的一种急性热性败血型人畜共患的传染病，其特征是突然高热，可视黏膜发绀，天然气孔出血、尸僵不全、血凝不良、剖检脾脏显著肿大，皮下和浆膜下呈出血性胶样浸润。

(1)症状　骆驼常呈最急性或急性经过。最急性也称猝中型，病驼突然倒地死亡，尸僵不全、口鼻流出血样泡沫，肛门及阴门出血。急性型也称腹泻型或水肿型，病驼体温升高，全身颤栗，呼吸困难，黏膜发紫，初便秘，后腹泻，粪便带血，尿暗红，孕驼流产，黏膜水肿，病程 2～3 d。

(2)预防　每年春季对骆驼注射炭疽芽孢苗，免疫期 1 年。

(3)治疗　肌肉注射青霉素 200 万 IU，分 2 次注射。可试用磺胺嘧啶钠、磺胺噻唑钠及土霉素治疗。

3. 口蹄疫

口蹄疫是由口蹄疫病毒引起偶蹄动物的一种急性、热性、高度接触性传染病，其特征是口腔黏膜、蹄部和乳房皮肤发生水疮和溃烂。

(1)症状 骆驼患口蹄疫主要在蹄部,蹄足与蹄掌边缘发生水疱,形成烂斑,蹄部增湿、肿胀、跛行,严重时可致蹄掌脱落,患肢不能踏地站立,常因卧地不起,水草不及而死亡。

营养良好的青壮年驼,可发生恶性病变而死亡。初期和良性口蹄疫病状相似,经 5～7 d 后病情加重,出现恶化,表现四肢颤抖,食欲消失,反刍停止,步态不稳,心跳加快,节律不齐,最后因心肌麻痹而死。有的出现腹泻、粪便带血,死后剖检可见小肠出血性肠炎,心肌表现黄色条纹,即“虎斑心”。

(2)防治

①每年春秋两季注射口蹄疫灭活苗,免疫期 4～6 个月。

②发生口蹄疫时应立即做疫情报告,逐级上报。

③确定疫情后,由当地政府发布封锁令,严格执行“五强制”措施,认真做好隔离、封锁、扑杀、消毒、免疫。对扑杀的病驼进行焚烧、深埋处理。

④在最后一峰病驼扑杀后 21 d 不再出现病驼后,由政府发布解封锁令。

4. 传染性腹泻

骆驼传染性腹泻是由肠杆菌或大肠杆菌引起的消化道传染病,其特征是病势缓慢,病程较长,死亡率较高。

(1)症状 潜伏期不定,健康驼和病驼放牧 1 周后,即可感染发病。病初体温稍高,一般为 38.5～39.5 ℃,粪便稀软带有黏膜,很快转为腹泻,这时体温正常或偏低,一般为 35～37 ℃。精神不振,口腔恶臭,口腔黏膜出现少量散在的溃疡,舌苔灰黄色。反刍减少或停止,食欲减少或废绝,有时磨牙、肠音亢进、腹痛。粪呈黄绿色并带有气泡。后期则全泻,肛门失禁。病程 1～2 周。

(2)治疗

①西药疗法:庆大霉素 15 g,每日 2 次口服。第 1 次用量应加倍,成年驼 5～7 d 一疗程。

②中药疗法:白头翁 30 g、黄连 25 g、黄柏 25 g、秦皮 25 g、白芍 25 g、升麻 25 g、泽泻 20 g,为末,开水冲药,凉后灌服,每日 1 剂,连用 5 剂。

5. 传染性结膜炎

(1)病原体 结膜炎立克次氏体。

(2)症状 潜伏期 2～3 d,病驼表现畏光、怕光流泪如滴水珠,浸湿眼睑以下的被毛,眼闭不睁,盲目走动,多朝太阳方向走。驼羔发病,往往找不到母驼,吃不到奶，盲目奔跑鸣叫。成年驼由于暂时失明，影响采食，很快掉膘。病情较重时上眼睑结膜可见紫红色斑点样糜烂。结膜囊内有多量清亮或浑浊分泌物，体温、脉搏、呼吸未见异常。

(3)治疗

①土霉素碱粉 0.5 g，用吸管吹入眼结膜囊内，用药 1 次，症状即可消失。

②红霉素眼药膏点眼，也有一定疗效。

6. 传染性脓疮病

(1)病原体　假结核棒状杆菌和蜡状杆菌。

(2)症状

①急性：初期表现咳嗽，体温升高至 40～41 ℃，全身颤抖、口流白色泡沫，兴奋不安、四处奔走，摇头摇尾，有时做跳跃运动。1～2 d 后，病驼精神沉郁或呈昏迷状态，卧地不起，头颈贴地，食欲废绝，心跳加快，呼吸困难，结膜发绀，有的表现为腹泻。怀孕母驼流产。有的病驼眼球化脓，角膜浑浊，眼球突出，眼中流白色胶样脓汁，继而角膜坏死，眼球塌陷，双目失明，进而死亡。病程 5～10 d。

②慢性：病畜出现咳嗽，体温升高至 38～39 ℃，随之出现跛行，四肢基部出现脓疮。表现精神萎靡，食欲不振，迅速消瘦。以后在驼体不同部位发生脓疮，常见的部位如膝关节、股内外侧、肩部、肘部、蹄部、头部、颈部、下颌部、腰背部、腹部、驼峰和乳房等处。脓疮大小不一，小的如鸡蛋大、大的如碗口大，最大的直径可达 20 cm 左右。脓疮有的发生在体表浅层皮下，有的发生在肌肉深层或内脏，脓疮数目有 1～10 个不等。脓疮发生初期，局部形成硬性肿胀，表面隆起，触摸有灼热感，病驼表现疼痛。随之脓疮变软脱毛，触压有波动感，以后很快破溃，流出脓液。脓液有白色、黄色或灰白色，有的黏稠如粥样，有的稀薄如豆浆，有的脓液无味，有的有恶臭。有脓疮破溃后长时间流脓不止，形成较大溃烂，难以治愈。较小的脓疮破溃排脓后，周边长出肉芽，最后结疤愈合。

在病情严重时，往往一个脓疮愈合后，新的脓疮又在其他部位发生，如此循环往复，导致病驼极度乏弱、体瘦如柴最后衰竭死亡。病程 1 d 至数月，甚至长达 1 年左右。

该病呈慢性者较多，但传染性极强，老幼驼均可感染，感染率 20%左右，死亡率 70%左右。

(3)治疗　病初用红霉素治疗有一定效果，用磺胺类药物大剂量静脉注射也有效果。

7. 传染性口膜炎

传染性口膜炎是由传染性口膜炎病毒引起驼羔的急性、接触性传染病，以口腔黏膜和口唇形成红疹、脓疮、溃烂和疥疮痂为特征。

(1)症状 一般为急性传播，常呈大群流行，成年驼多为常年散发，症状较轻，病愈后有一定免疫力。

1～3岁的青年驼主要以直接接触感染，如同槽饮水感染为主。初期在口唇及周围发生红疮，病驼表现疼痛、发痒，影响采食，常借树桩、草墩拭擦，以后渐为脓疮。脓疮破溃后，流出脓液，脓疮融合变成黑褐色痂皮，痂皮逐渐干涸脱落。严重者在口腔黏膜上发生被红晕色包围的水疱，水疱破溃后很快形成脓疮，脓疮破裂后，形成烂斑，口内流出恶臭且浑浊的唾液。如有继发感染，则口腔内外高度肿胀，张口困难，影响采食和反刍。炎症向后蔓延，引起咽喉炎。

(2)防治

①发生时，病驼隔离治疗，尤其不可与健康驼同槽饮水。

②初用0.2%高锰酸钾溶液冲洗口腔，若已成脓疮可用0.2%雷夫奴尔溶液清洗脓疮后，涂抹碘甘油。

③形成痂皮后，可将精油烧沸，用棉球蘸上涂擦口唇。

④刺猬皮经油炸干，研末后，用清油混合，趁热涂擦口唇。

⑤磺胺类药静脉或肌肉注射，防止继发感染。

8. 流行性咳嗽(类流感)

本病是骆驼在冬春季节气候多变时发生的急性、热性传染病，其特征是发病急剧，体温升高，咳嗽为主。在同一草场放牧的其他家畜不易感，骆驼无论老、幼均可感染，有的年份会呈大流行。

(1)症状 本病呈急性经过，大多数病驼体温稍高，个别体温高达40 ℃以上。病驼精神不振、咳嗽、流浆液性或黏液性鼻液，食欲和反刍减少。重症者精神萎靡，卧地不起，食欲消失，反刍停止，呼吸迫促，心跳加快，逐渐消瘦。多数病例呈良性经过，通过中西医治疗和加强护理，可以痊愈。

(2)防治

①病驼群应固定草场、水井，隔离放牧。

②应用抗生素、磺胺类药物，做肌肉深部注射或气管内注射，可预防传播和

缩短疗程。

③中药疗法：麻黄 25 g、杏仁 30 g、甘草 30 g、板蓝根 40 g、柴胡 40 g、贯仲 40 g、白前 30 g，为末，开水冲服，1 日 1 剂，连服 3 剂。

④牧民给发病初期的骆驼饮服兔子血液有良好效果。

9. 恶性水肿

骆驼恶性水肿多因收剪保护毛（嗉毛、肘毛）和硬植物刺伤蹄、腿，由多种厌氧菌感染。如腐败梭菌、水肿梭菌、产气荚膜梭菌和溶组织梭菌等。

（1）症状　潜伏期 2～3 d。初期患部水肿、先热痛以后变为凉而无痛的气肿，触压有捻发音。切开肿胀部，流出红黄色酸臭液体，带有气泡，肌肉呈暗褐色。如经母驼产道感染，则阴门和阴道黏膜红肿，阴道内流出污红色腐臭分泌物。此时，病驼体温升高，达 40 ℃以上，呼吸迫促，心跳加快，病情恶化，数日内死亡。

（2）防治

①骆驼剪毛去势，母驼产道损伤应彻底消毒，污染的创口应及时清洗，并扩大创口，以防厌氧菌感染。

②青霉素 100 万 IU，链霉素 200 万 IU，每日 2 次肌肉注射。

③磺胺噻唑钠溶液 200 mL，每日 2 次静脉注射。

④应早切开患部，用 3%过氧化氢冲洗，每日 1 次。

10. 驼羔大肠杆菌病

驼羔大肠杆菌病是由特定的病原性大肠杆菌引起驼羔的一种急性传染病，其特征是败血症和白痢。

大肠杆菌病是初生驼羔最多发的传染病，死亡率较高，凡是产过羔并发生过大肠杆菌病的草地和圈场，驼羔最易感染发病。

（1）症状

①败血型：发生于 3～5 日龄的驼羔，发热，不吃奶，精神极度沉郁，眼闭不睁，昏睡，间有水样泻痢，急剧脱水，1～2 d 内死亡。

②白痢型：多发生于 7～10 日龄驼羔，排出灰白色或黄绿色酸臭糊状痢便，间混有凝乳块、凝血块、脱落的黏膜上皮和气泡，腹痛、肛门失禁，病程 2～4 d。

③肠毒血型：多表现先兴奋后沉郁昏迷，死前多为腹泻。

（2）防治　可采取改善初生驼羔的饲养管理，及时饲喂初乳，保持圈舍清洁卫生等防控措施。

11. 布鲁氏菌病

布鲁氏菌病简称布病，是由布鲁氏菌引起人和多种家畜共患的一种地方性、慢性传染病，其特征是生殖器官和胎膜发炎，引起流产、不育和各种组织的局部炎性病状。猪、牛、羊3个种类的布鲁氏菌皆可感染骆驼。

(1)症状　母驼在妊娠7～9个月，不出现症状而流产，尤其怀孕第1胎的母驼流产者较多，第2胎流产较少，感染持续期不超过4年可自愈。幼驼具有一定的抵抗力，1岁以上者可感染本病。

(2)防治　可用猪2号弱毒冻干苗进行注射，免疫期2年。

二、骆驼常见寄生虫病的防治

1. 锥虫病

骆驼锥虫病是由锥体科锥虫的伊氏锥虫寄生于骆驼和其他动物血液中而引起的疾病，以进行性消瘦、高热、贫血、黏膜出血、黄疸、心机能衰退、水肿和神经症状等症状为特征。

(1)生活史　伊氏锥虫寄生于骆驼等易感动物的血液和造血脏器，当吸血昆虫吸血时将虫体吸入体内，叮咬其他动物时，使其感染。

(2)流行病学

①传播媒介：蛇类及吸血蝇类是主要传播者，虫体在其体内并不进行发育，生育时间也较短。

②感染途径：主要经生物媒介传播感染，也可通过胎盘感染，通过注射器和手术器械也可传播。

③季节动态：流行季节与吸血昆虫的活动有关，发病多在5—10月，7—9月为高峰期。

(3)主要症状　潜伏期2～3周，体温呈典型的间歇热型，食欲减退，呼吸迫促，脉搏加快，渴欲增加。间歇期症状较轻，反复数次后，表现消瘦，眼结膜充血、黄染变为苍白，眼内有脓性分泌物，并有体表水肿。后期昏睡、易疲劳、行动强拘、不稳、尿少色(深黄，黏稠)。末期出现神经，常在放牧、夜间突然倒地死亡。

有的病程较长，表现性经过，精神不振，皮肤干燥，被毛粗乱，双峰下垂，体表淋巴结肿胀，四肢、胸、腹及公驼生殖器等处发生水肿。眼结膜苍白，有的出现豌豆大的黑色斑点，眼闭流泪，严重时食欲反刍废绝，喜饮水，口流黏液。有的上下唇黏膜出现米粒大的黄色结节。结节脱落后，其底呈红色，便秘，3～5 d后下痢，后期排恶臭水泻，死前体温下降。

(4)辅助诊断

①福尔马林胶体反应：取 1 mL 血清加 2 滴福尔马林(内含 10%乙醛)，经 24 h 后变为胶体者，即为阳性，仍保持液体者为阴性。

②升汞血清反应：用 1∶25 000 的升汞溶液 1 mL，加 1 滴血清，立即变为乳白色，混浊者为阳性，反之为阴性。

(5)治疗

①安锥赛：2 mg/kg，配成 10%溶液，皮下或肌肉注射。

②噻嘧啶：0.5 mg/kg，配成 0.2%～0.5%溶液，作缓慢静脉注射。

2. 鼻蝇蛐病(喉蝇病)

骆驼鼻蝇蛐病的病原为喉蝇属的幼虫，喉蝇幼虫生于骆驼的鼻腔及鼻窦而发病。

(1)生活史　鼻蝇的成虫出现在 5—6 月，直到 9—10 月仍在飞行。成虫不吃东西，在干燥晴朗的天气非常活跃，在潮湿、阴沉、寒冷、多风的天气会选择幽静的地方停止不动。无论雌蝇或雄蝇都喜欢接近骆驼，常栖在骆驼被毛上，侵袭时迅速飞向骆驼的鼻孔，并注入一部分幼虫，每只雌蝇含 800～900 个幼虫。幼虫沿着鼻孔向深处潜入，在宿主体内寄生长达 10 个月以上。直到次年春季才变成第 3 期幼虫，向鼻孔移动，并用其钩着于下鼻孔前面 1/3 处，随骆驼打喷嚏被喷到地上。幼虫抛出后，常在 3～5 min 内钻入土中。入土后 5～6 h 停止活动，其外膜开始硬化成蛹，蛹经 3～4 周化为鼻蝇。鼻蝇的寿命 4～15 d。

(2)症状　在鼻蝇活动的季节里，骆驼害怕鼻蝇的侵袭，常将头高举，骚动不安，影响采食。被感染后，由于鼻蝇幼虫刺激黏膜，常从鼻孔流出脓性或黏液性鼻液，有时可致鼻孔流血。如感染强度过高(有时可达数万条以上)则会引起呼吸困难，病驼摇头甩唇，拍打前蹄。

(3)防治

①用 3%来苏尔或 5%碘酒喷射鼻腔。

②用敌百虫内服驱虫。

3. 棘球蚴病

(1)病原　犬细粒棘球绦虫的幼虫。

(2)发育史　细粒棘球绦虫等寄生在犬、狼、狐等野生动物的小肠内，其孕卵节片和卵随宿主粪便排出，污染牧草、水源和家畜居留的地方。骆驼、羊、牛等哺乳动物食用了被污染的牧草或饮水后，六钩蚴从卵内逸出，随血循环进入肝、肺和其他器官内寄生，形成棘球蚴病。

(3)症状　由于生长期长，故可发现达 10 kg 的棘球蚴群。肝、肺被侵袭时，可出现咳嗽、黄疸和营养不良，反刍无力等症状。

(4)防治

①饲养宠物应每年 2 次进行驱虫，更重要的是加强犬、猫等宠物的定期驱虫。

②病死或屠杀的被感染动物脏器要焚烧销毁，不可乱抛。

③吡喹酮或丙硫苯咪唑内服，预防和治疗本病。

4. 伤口蛆

(1)病原　壮丽吴氏蝇蛆。

(2)发育史　雌蝇产幼虫在动物的伤口里，第 1 期幼虫以动物的组织为营养生长发育，经数日就蜕变为第 2 期幼虫，再经过数日变成 3 期幼虫，它们在伤口内停留一段时间后，从伤口中出来，落在外界，钻入土内变成蛹。蛹在适宜的温度下，经 1 周左右化为成虫。

(3)症状　蝇蛆常侵害母驼的阴道、公驼阴鞘及其他部位伤口。幼虫必须在组织内生活，凡是在有血液流出来的新鲜伤口内都能生存。由于幼虫的钻入及其体表上锐利小刺的刺激和吸食组织营养，再加上幼虫具有向深部组织内钻的特性和其毒素的毒害作用，严重地危害机体，使伤口组织膨胀，如不及时治疗会造成伤口范围扩大、长期不愈，甚至发生败血症。

(4)治疗

①用 5%六六粉剂撒在伤口上，可杀蝇。

②伤口内填塞白砂糖可杀死幼蛆。

5. 疥螨病

(1)病原　疥螨。

(2)发育史　受精的第 2 期若虫蜕皮变成雌虫，雌虫在第 2～3 昼夜产卵，而经 2～3 昼夜幼虫即破壳而出。既而浮出六脚幼虫，经 1.5～5 昼夜蜕皮变成若虫，若虫脱皮后经 2～4 昼夜变为成虫，雌虫可活 6～8 周，每日产卵 2～8 个，整个发育过程平均 15 个昼夜。

(3)症状　首先在皮肤薄的部位(颈、腹、体侧处)，然后蔓延全身，初期痒感不明显，易形成粗厚的痂、裂缝和溃烂，此时病驼奇痒，骚动不安，影响采食和休息，甚至死亡。

(4)治疗　用 4%螨净溶液喷洗患部和全身(脱毛后)。

6. 丝状线虫病(混睛虫)

(1)病原　丝状线虫。

(2)症状　成虫寄生在腹腔内，对骆驼无影响，但其幼虫随血液被带到眼睛前房内时，由于幼虫在这里活动和生长，可引起实质性结膜炎、白内障、角膜浑浊，眼睑肿胀，畏光、流泪，严重时可致失明。

(3)治疗　发现眼睛症状(发痒、擦拭而致眼睑水肿，结膜充血)，可用晶体敌百虫少许置入眼睑内，3～4 d 1 次。

7. 蟠尾线虫病

(1)病原　蟠尾线虫。

(2)发育史　发育过程中需要属于蠓属的吸血昆虫作为中间宿主。雌虫产出的幼虫，长期留在皮肤内。当中间宿主吸食动物血液时将幼虫吸入。约经 24 d，变成可感染幼虫，幼虫随中间宿主吸食动物血液时，进入畜体，移行到固有的寄生部位，发育成成虫。

(3)病状　蟠尾线虫的致病作用，决定于侵袭的程度和骆驼的身体状况。在感染强度低而畜体抵抗力强时，在临床上不表现出症状，而成为带虫者。只有在屠宰时，才发现虫体已钙化的硬块状痕迹。大量幼虫侵入枕骨部，可引起急性渗出性炎症，如属于无炎性过程，颈部肿胀无痛感，很坚硬。这种肿胀持续很长时间，如有继发感染，则形成脓肿。

此病有时还可见到周期性的跛行、骨瘤、腱鞘炎、滑液囊炎的症状。

(4)治疗　可试用 0.1%碘溶液 50～100 mL 静脉注射。

三、骆驼常见内科病的防治

1. 前胃弛缓

(1)病因

①饲料单一且质量低劣:骆驼常年生活在干旱少雨的荒漠戈壁,采食旱生、超旱生梭梭、柠条、拐枣等纤维多、木质化程度严重的枝条,消化机能较差,一旦更换草场,又采食过多,即可引起消化不良。

②管理不善,遭受风寒:因饮水不足,长期啃食冰雪,致消化道机能降低,引起前胃弛缓。

③牙齿不正:对干硬饲料咀嚼不充分,由于纤维粗硬,刺激性强,难以消化,导致前胃弛缓。

④继发于瘤胃积食:臌气时间过长,前胃收缩力减弱,排空机能降低。

(2)症状 食欲减退或废绝,反刍缓慢或停止,咀嚼一个食团不足 30 次,瘤胃蠕动次数减少,力量减弱,排粪量少,粪不成团,覆有黏膜。有的食欲时好时坏,瘤胃略有臌气,触诊不坚实,便秘、下痢交替,口腔黏腻,口色红黄。

(3)治疗

①酒石酸锑钾 5~8 g,加水一次灌服。卡巴胆碱 6~8 mL,一次皮下注射。

②健胃:人工盐 100~120 g、番木鳖酊 15~20 mL、龙胆末 30~50 g,混合加水一次灌服,连服 3~5 d。还可静脉注射 10%氯化钠溶液 500 mL。

③中药疗法:党参 30 g、白术 30 g、砂仁 25 g、云苓 15 g、香附子 30 g、高良姜 20 g、神曲 30 g、焦山楂 30 g、桂枝 30 g、台乌 30 g、茯苓 30 g、吴芋 25 g、小茴香 30 g,为末,开水冲,候温一次灌服。

2. 前胃积食

前胃积食是由于干燥的饲料积滞于瘤胃,导致瘤胃兴奋性,收缩力减弱,瘤胃蠕动降低所致的一种疾病,临床表现瘤胃急性扩张,容积增大,内容物停滞和阻塞,瘤胃运动和消化机能障碍,形成脱水和毒血症。

(1)症状

①食欲、反刍减少或停止。有时出现腹痛不安,摇尾踢腹,粪便干黑瘦小。

②触诊前胃胀满,坚实,但重压可成坑,前胃蠕动音减弱,次数减少,重者

消失。

③嗳气反刍消失、拱背、空嚼、四肢张开站立，不断起卧。

④眼结膜潮红，呼吸急促而困难，心悸，脉搏急速，皮湿不均，全身颤栗，口色发绀，卧地不起，呈昏迷状态。

(2)治疗

①禁食 1～2 d 或灌服大量温水，随即用木棍擀压腹部。

②硫酸镁(钠)500～700 g，液体石蜡或植物油 500～1 200 mL，鱼石脂 20～30 g，75%酒精 100～150 mL，常温纯净水 500 mL 一次内服。

③新斯的明 0.03～0.05 g，皮下注射。

④5%葡萄糖生理盐水 2 500～3 500 mL，20%安钠咖溶液 10～20 mL，维生素 C 1～1.5 g，静脉注射，2 次/d。

⑤中药疗法：大黄 100 g、枳实 30 g、厚朴 30 g、芒硝 30 g、植物油 3 300 mL，研末一次内服。

3. 瘤胃臌气

骆驼生活在干旱缺水的荒漠地带，一旦采食抽节发芽 2～3 个节的梭梭，初结籽的列氏类草，结籽成熟的猪毛菜类植物以及过量采食花前的苜蓿，吃食被鳞翅目幼虫结网的小灌木等，容易在瘤胃内发酵产气而致瘤胃臌气。特别继发性瘤胃臌气，常见的有前胃弛缓、食道阻塞、食道痉挛、瘤胃与腹膜粘连等可引起排气障碍，致使瘤胃壁扩张臌气。

(1)症状　发病甚急，前胃迅速鼓起，呼吸困难，听诊左肋部紧如臌皮，声如鼓响，站立四肢张开。严重时可视黏膜发绀，呼吸迫促，张口呼气，心跳加快，呻吟打嗝，卧地打滚，四肢伸直。若不及时治疗，常致窒息死亡。

(2)治疗　放气止酵，用大号套管针在左肷部臌气最高点，穿刺放气，待臌气减少后从穿刺孔注入止酵剂，如福尔马林 10～15 mL 或来苏尔 10～20 mL，然后抽出套管针，术后消毒。

①止酵消胀法：食醋 1 500～2 000 mL，植物油 500 mL，混合一次灌服；生石灰 150～200 g，加水 4 000～5 000 mL，溶化后取上清液灌服。

②中药疗法：丁香 30 g、木香 20 g、藿香 35 g、青皮 30 g、陈皮 30 g、二丑 30 g、槟榔 25 g、草豆蔻 30 g、甘草 30 g，研末，冲服。

4. 便秘(结症)

(1)病因　骆驼常年生活在干旱缺水的沙漠戈壁地带，习惯采食水分含量较少的旱生、超旱生植物，加之骆驼异嗜碱土，使沙土沉积于肠道，牧民称为“肠积沙”。也有的骆驼患氟齿病，牙齿波状不齐，采食咀嚼不完全，致使胃肠发生慢性炎症，引起消化不良，肠蠕动减弱。

(2)症状　初期病驼精神沉郁，采食减少或停止，反刍减少，嚼空牙、磨牙，轻度腹胀，多卧少立，表现腹痛，时常起卧打滚。初期排少量两头带尖的粪球，带有黏液，后期排粪停止，腹胀加重，时常举尾，做排粪动作，呼吸迫促、口腔干燥。

(3)治疗

①硫酸镁 500～1 000 g，液状石蜡 1 000 mL，加水灌服。

②10%氯化钠 500 mL，10%葡萄糖 500 mL，20%安钠咖 20 mL，混合静脉注射。

③中药疗法：芒硝 200 g、大黄 120 g、枳实 60 g、厚朴 30 g、二丑 30 g、槟榔 30 g，为末，开水冲，加清油 500 mL，加水灌服。

5. 腹泻(胃肠炎)

腹泻即胃肠炎，是指皱胃与肠道黏膜及其深层组织的炎症。其临床表现为体温升高、腹泻、腹痛、脱水和酸中毒。本病是成年驼和驼羔的常发病。

(1)病因　本病可分为原发性和继发性两种。

①原发性胃肠炎：主要是采食含水分过少的碱性植物，如碱蓬、盐爪爪等或冬春补饲霉变、变质、冰冻不洁或混有泥沙、有毒物质的饲草和饮水，使胃肠机能性障碍，机体抵抗力降低，导致肠道内大肠杆菌大量繁殖而发病或者由于滥用抗生素。一方面使细菌产生抗药性；另一方面在用药过程中造成肠道菌群失调引起二重感染，也可发病。

②继发性胃肠炎：继发性胃肠炎多发生于某些传染病，常见于大肠杆菌病、沙门氏菌病、传染性病毒性腹泻、副结核等都伴有胃肠炎的出现，也可继发于前胃弛缓，败血性乳腺炎和子宫炎等。

(2)症状　病驼发生剧烈而持续的腹泻是本病的主要特征。

粪便呈水样，混有黏液、血液、黏膜、组织碎片，有时有脓液和恶臭，肠蠕动增强，后期肠音减弱或消失，肛门松弛，排粪失禁，病驼表现里急后重。精神沉郁，食欲和反刍减少或消失，并伴有不同程度的腹痛，全身消瘦，渴欲增加，结膜充血，伴有黄疸，体温升高至 40～41 ℃，心跳、呼吸快而弱，皮温不均，眼球下陷。病程长者卧地不起,四肢末端发凉。

(3)治疗

①腹部疼痛,粪便混有黏液、恶臭时应使用缓泻药物消毒。硫酸镁 800 g、鱼石脂 50 g,加水一次灌服或用植物油 1 000 g、液状石蜡油 500 g、鱼石脂 30 g,加水灌服。

②消除炎症,防止败血症,常用磺胺脒 50～100 g,一次内服,每天 3 次。小檗碱 5～10 g,一次内服,每天 3 次。也可用诺氟沙星、氧氟沙星等对严重胃肠炎会有较好的效果。

③为防止脱水和酸中毒,保护心脏功能、应尽早补液。用 5%葡萄糖生理盐水 5 000～10 000 mL,25%葡萄糖注射液 3 000 mL,5%碳酸氢钠液 1 000 mL,20%安钠咖 20 mL,维生素 C 3～5 g,一次性静脉注射。

④中药疗法:白头翁 45 g、黄连 30 g、黄柏 30 g、秦皮 45 g、苍术 30 g、升麻 30 g、茯苓 30 g、地榆炭 30 g、乌梅 30 g,为末,内服。

6. 感冒

骆驼常年生活在沙漠戈壁,气候多变的春秋季节,一旦机体的防御机能降低,容易引起上呼吸道感染,主要特征为鼻流清涕、畏光流泪、咳嗽、呼吸增数、皮温不均的一种急性、热性病。一年均可发生,以春秋多发。

(1)病因　主要是由于寒冷的突然袭击,如骆驼夜宿荒野,突遭风雪侵袭或阴雨浇淋或乘骑驼归来出汗未干而揭去鞍具或拴于阴冷处受风寒。寒冷因素作用全身时,驼体防御机能降低,上呼吸道黏膜的血管收缩,分泌减少,气管黏膜上皮纤毛运动减弱,致使呼吸道常在菌大量繁殖,由于细菌产物的刺激,引起上呼吸道黏膜的炎症,因而出现咳嗽、流清涕,体温升高的症状。

(2)症状　病驼食欲减退,体温升高,结膜充血,甚至畏光流泪。眼睑轻度浮肿,精神沉郁,畏寒,耳鼻发凉,皮温不均,鼻黏膜充血,鼻塞不通。初期流水样鼻液,随后转为黏液或黏脓鼻液,咳嗽,呼吸加快。并发支气管炎时,则出现干、湿性啰音,心跳加快,口舌干燥,舌色灰白等症状。

(3)治疗

①本病治疗以解热镇痛,抗菌消炎为主,可肌肉注射复方氨基比林 80～100 mL 或安乃近 80～100 mL,一日 1～2 次或畜毒清 30～50 mL,肌肉注射。若使用解热镇痛剂后,体温不下降或炎症仍未减轻,可适当使用磺胺类药或抗生素。

②中药疗法：紫苏 60 g、荆芥 50 g、防风 50 g、柴胡 60 g、姜半夏 30 g、陈皮 50 g、茯苓 30 g、麻黄 50 g、桔梗 30 g、甘草 30 g，如气粗喘咳者加杏仁 30 g、马丰玲 30 g，为末，开水冲服。

7. 肺炎

肺炎是一种卡他性肺炎，有时为卡他性纤维性肺炎，多见于春秋气候多变季节，而且多发于驼羔。

(1)病因　母驼产羔多集中在晚春，这一时期气候多变，尤其“倒春寒”，多在夏初发生，牧区防寒设施简陋，易引起驼羔感冒继发肺炎，特别是产羔母驼体质乏弱，奶水不足，驼羔营养不良，抗病力不强，在寒冷时易发本病。

(2)症状　病初精神沉郁，头经常抬的很高，吃奶逐渐减少，随后停止吃奶。体温稽留于 40 ℃左右，口腔干燥，呼吸加快。听诊肺部，呼吸音粗粝，咳嗽很少，有时驼羔并发胃肠炎，表现拉稀，粪中带血，病情严重者 2～3 d 内衰竭死亡。

(3)治疗

①青霉素 80 万 IU，链霉素 100 万 IU，一次肌肉注射，一日 3 次。

②磺胺嘧啶钠 20 mL，一次肌肉注射，一日 3 次。

③氨基比林 10 mL，肌肉注射。

④中药疗法：沙参、紫草、乌梅、黄芩、甘草等分，水煎去渣候温灌服。

8. 肾炎

肾炎通常是指肾小球、肾小管或肾间质组织发生炎症性病理变化的统称。其主要特征是水肿、肾区敏感和疼痛，尿量改变、尿液含多量肾上皮细胞和各种管型。按炎症发生的部位可分为肾小球性和间质性肾炎；按炎症发生的范围可分为弥漫性和局灶性肾炎。

(1)病因

①继发于一些其他疾病，如出血性败血病、流感、炭疽等病原微生物停滞于肾组织中产生毒素，使肾脏发炎。

②有毒物质引起中毒及采食大量沙葱或锁阳头等均可引起骆驼中毒或过量采食发霉变质的牧草也可以引起本病。

③骆驼生活在荒野戈壁，风雨雪霜寒冷潮湿侵袭，致骆驼发生感冒，久而久之可继发本病。

④慢性肾炎多为急性肾炎不及时治疗转化所致。

(2)症状　精神沉郁，食欲不振，体温升高，触诊肾区有痛感，卧地后不愿起立，强行驱赶起来有困难，有痛苦表现，拱腰、后肢叉开、拧腰摇尾，不时遗尿，点滴淋漓。尿液呈褐色或有血尿，重者甚至无尿。后期病驼四肢下部，胸前、腹下出现浮肿。

(3)治疗　以排除病因，治疗原发病为原则。

①首次用大剂量抗生素或磺胺类药，第 3 天开始减量。

②呋塞米 10～15 g，一次口服。醋酸钾 30～50 g，一次口服。

③心脏衰竭时用 5%葡萄糖 100 mL，加维生素 C 10 mL，出现水肿用 10%氯化钙 500 mL，静脉注射。血尿时用仙鹤草素 50 mL，肌肉注射。

④采用中药秦艽散，秦艽 40 g、茵陈 40 g、当归 40 g、白芍 30 g、黄柏 30 g、蒲黄 30 g、滑石 30 g、瞿麦 30 g、红花 25 g、车前子 50 g、大黄 30 g、生地 30 g、竹叶 25 g、灯芯 25 g、金银花 30 g、甘草 25 g，为末，开水冲服。

9. 膀胱炎

膀胱炎是膀胱黏膜及其黏膜下层的炎症，临床上以疼痛性频尿和尿中出现较多的膀胱上皮细胞，碳性细胞、红细胞和磷酸铵镁结晶为特征。按膀胱炎症的性质，可分为卡他性、纤维蛋白性、化脓性、出血性 4 种。该病多见于母驼，以卡他性膀胱炎多见。

(1)病因

①膀胱炎主要由于病原微生物的感染，多半是非特异性细菌，如化脓杆菌、大肠杆菌、葡萄球菌、链球菌、绿球菌和变形杆菌等，通过血液循环和尿路感染致病。

②也见于邻近器官炎症的蔓延，如肾炎、输尿管炎、尿道炎，特别是母驼的阴道炎、子宫内膜炎等，可蔓延膀胱而引起本病。

③机械性刺激或损伤也可引发本病，如导尿管损伤、膀胱黏膜损伤、膀胱结石、膀胱内赘生物、尿潴留时的分解产物以及各种有毒物或药物的刺激，如松节油、酒精、麻黄、斑蝥毒素的强烈刺激。

(2)症状　病驼精神不振，食欲、反刍减少，不时作排尿姿势，但尿液淋漓、浑浊含有黏液，严重时带有血液。直肠检查触压膀胱有痛感，伴有出血坏死性炎症时，体温升高。

(3)治疗　排除致病原因，变换放牧场地。

①尿路感染者用 40%乌洛托品 60～100 mL，静脉注射。

②对重症病例可先用 0.1%高锰酸钾、1%～3%硼酸或 1%亚甲蓝作膀胱冲洗。反复冲洗后，膀胱内注射青霉素 160 万～200 万 IU，每日 1～2 次。

③中药疗法：排尿艰涩，不断努责，治疗宜行气通淋：沉香 15 g、石苇 30 g、滑石(另色)40 g、当归 40 g、陈皮 40 g、白芍 25 g、冬葵子 30 g、知母 30 g、黄柏 30 g、枸杞 40 g、王不留行 40 g、甘草 20 g，水煎去渣服。

出血性膀胱炎：秦艽 50 g、翟麦 40 g、车前子 60 g、当归 50 g、赤芍 35 g、炒蒲黄 40 g、焦山楂 40 g、阿胶珠 35 g，为末，开水冲服。

10. 膀胱麻痹(尿闭)

膀胱麻痹膀胱肌肉，使收缩力减弱或丧失，致使尿液不能随意排出而积滞的一种非炎症性的膀胱疾病。临床上以不随意排尿、膀胱充盈，病驼表现舒坦，无明显疼痛反应为主要特征。

(1)病因

①役用骆驼长途乘骑或驮运归来未能充分休息，趁热饮冷水可引起本病。

②长途快速乘骑时，得不到排尿机会，使膀胱持续的充满尿液，引起膀胱肌麻痹，收缩力消失而发病。

③腰部损伤，寒冷的刺激或长期卧于湿热之处而引起膀胱麻痹致尿闭。

④膀胱炎，膀胱括约肌痉挛收缩，膀胱结石及尿道炎而发生尿闭。

(2)症状　病驼精神不振，公驼两后肢叉开，母驼卷尾叉腿，不时努责，屡做排尿姿势，但排尿不出，点滴淋漓，常伴有轻微腹痛，踏地踢腹，欲卧不卧等现象。

(3)治疗

①呋塞米 80～100 mL、生理盐水 500～1 000 mL，静脉注射。

②母驼可实施导尿，防止膀胱破裂。

③中药疗法：

滑石 60 g、泽泻 40 g、灯芯 30 g、菌陈 50 g、猪苓 40 g、知母 30 g、酒黄柏 30 g、萹蓄 40 g、木通 30 g、大黄加黄连 30 g、木质子 30 g、黄芩 30 g，水煎去渣服。

猪苓 60 g、茯苓 60 g、泽泻 30 g、桂枝 30 g、白术 30 g、党参 40 g、木通 30 g、车前子 40 g，水煎服。

熟地 30 g、山芋 30 g、山药 30 g、丹皮 30 g、泽泻 30 g、茯苓 30 g、香附子 25 g、肉桂 30 g、牛膝 30 g、车前子 30 g、甘草 20 g、良姜 30 g 共研磨，开水冲服。

11. 流产

流产是指胎儿与母驼机体的正常生理关系被破坏，使妊娠中断称为流产。

(1)病因

①由于饲料品质差，缺乏某些营养物质(维生素与矿物质)而引起流产或饲料霉变腐败，母驼采食后造成流产。

②骆驼常年生活在荒野戈壁，冬季吃雪解渴，吃霜冻牧草充饥，怀孕母驼采食霜冻牧草，继发胃肠炎、腹痛起卧，引起流产。

③机械性损伤，引起子宫收缩，如冲撞、拥挤、奔跑、越山涧等剧烈运动闪伤以及粗暴的直肠检查、阴道检查等。

④习惯性流产：主要由于子宫内膜病变及子宫发育不全等引起。

⑤用药不当：母驼怀孕时，使用大剂量泻下剂(尤其盐类泻药)、利尿药、驱虫药和误食子宫收缩药及妊娠禁忌药等。

⑥继发于某些疾病，如子宫阴道病、胃肠炎、疝痛病、热性病等。

(2)症状　有的无明显症状，有的则表现不安，不时起卧、卧时偏躺，立时急跪，左右回顾，拍蹄拧腰，阴道内流出黏液，频频努责。

(3)治疗

①发现流产先兆的母驼，可每日用黄体酮1～2 g肌肉注射，连续注射5～7 d。

②中药疗法：

“白术安胎散”：当归50 g、白灼30 g、香黄芪50 g、党参40 g、白术50 g、砂仁25 g、黄芩20 g、陈皮30 g、熟地35 g、杜仲25 g、炙甘草20 g、艾叶30 g，共为末，开水冲服。温补气血，散热除湿，止血安胎。

“胶艾散”：阿胶30 g、艾叶120 g、当归30 g、川芎30 g、乳香60 g、没药60 g、砂仁20 g、白术40 g、柴胡30 g、升麻30 g、黄芩20 g、生地15 g、党参40 g、陈皮30 g、紫苏30 g、茯苓20 g、甘草15 g，共为末，开水冲服，一日1剂，连续4剂。

12. 胎衣不下

母驼产羔后4 h，尚不能自行排出胎衣，称为“胎衣不下”。

(1)病因

①产后子宫收缩无力：怀孕期间，牧草不丰，营养不良，母驼体质虚弱或年老体衰，从而导致子宫收缩无力，引起胎衣不下。

②胎盘炎症：由于子宫内膜或胎膜发生炎症，使母驼胎盘与胎儿胎盘之间发

生炎性粘连。

③母驼患布鲁氏菌病也可引起胎衣不下。

(2)症状　根据胎衣在子宫内滞留的多少,可分为胎衣全部不下和胎衣部分不下。

全部胎衣不下时,常在阴门外露出残余脐带或部分胎衣,胎衣大部分滞留在子宫或阴道内,须进行检查方可发现。

部分胎衣不下,往往被人忽视,病驼表现精神不振,阴门流出恶露,尤其卧地时流出慢,呈腥臭味。

全部或部分胎衣不下,病驼全身症状不明显,仅有食欲、反刍减少。严重时,母驼拱腰、努责和阵发性腹痛,阴门流出腐败恶臭的液体,精神萎靡,体温升高。

(3)治疗

①皮下注射垂体后叶素 100～150 IU。

②静脉注射 10%氯化钙 300～500 mL。

③为防止滞留胎衣腐败,可用生理盐水或 0.1%高锰酸钾液冲洗子宫后,再放入土霉素胶囊 10～12 粒。

④中药疗法。

益母生化散:活血化瘀,温经止痛。当归 100 g、川芎 40 g、桃仁 40 g、炝姜 15 g、益母草 120 g、炙甘草 20 g,共为末,开水冲,加黄酒 250 mL,内服。

参灵汤:益气活血,化瘀止痛。黄芪 75 g、党参 75 g、生蒲黄 35 g、五灵脂 35 g、当归 60 g、川芎 30 g、益母草 50 g,共为沫,开水冲,加黄酒 300 mL,内服。

活血祛瘀汤:适于努责腹痛、体温升高者。当归 80 g、川芎 30 g、五灵脂 25 g、桃仁 30 g、红花 25 g、枳壳 35 g、乳香 30 g、没药 30 g、元胡 30 g、焦山楂 40 g,共为沫,开水冲,加黄酒 250 mL,内服。

13. 阴道脱及子宫脱

(1)病因　孕驼体质气虚,营养不良;或胎儿过大,羊水过多,以致腹压增大,分娩时或胎衣不下时努责过强,助产时强拉胎儿致使阴道及子宫周围组织、韧带松弛,均可引起阴道及子宫脱出。

(2)症状

①阴道脱出:分部分脱出与全部脱出 2 种,部分脱出即部分阴道脱出于阴

门之外，呈大小不等的半球形；完全脱出时，可大如排球，但子宫颈口仍锁闭。

②子宫脱出：常见部分脱出和全部脱出 2 种，部分脱出（子宫内翻）时，子宫角翻入子宫腔内，病驼无外表症状。如翻入子宫颈口外，则病驼表现不安，常在阴道内塞有大小不等的球状物或部分暴露于阴门之外。完全脱出时，大多数与阴道一起暴露于阴门之外。

③脱出部分的黏膜，初为淡红色，之后变为紫红色，表面光滑，多皱褶。如发生水肿时，则呈肉冻状，色淡黄，若脱出时间长，则容易发生坏死，甚至发展为败血症而死亡。

（3）治疗

①整复

整复前的准备工作：先用温水灌肠，使肠道清空，以免在手术过程中排粪，影响手术，然后将病驼牵至有坡度的地方，使其头向下坡卧地。清洗患部，用 0.1% 高锰酸钾清洗脱出的阴道、子宫表面及阴门，彻底清洗污物及残留的胎膜，除去坏死组织，然后喷上普鲁卡因液，以减轻病驼的疼痛。子宫黏膜如有裂口，应涂上碘酒，如果水肿明显时可用针刺破，使水肿液流出，子宫体积缩小，便于整复。

整复前的方法：现将阴道和子宫的位置矫正，再用宽绷带从子宫底端向阴门顺序缠好，然后从靠阴门处向里推进，用力要适中，随送随解绷带，整复后向子宫内注射 160 万 IU 青霉素或送入金霉素胶囊 10～12 粒。

复位：术者握拳伸入阴门，将脱出的阴道和子宫顶进阴道，推向原来正常的位置。

固定：母驼阴道和子宫脱出的主要原因是炎症引起疼痛，导致努责，形成越努责越疼痛，越疼痛越努责的恶性循环。所以，阴道和子宫复位后必须止疼，病驼不再努责，就不会再次脱出。

阴道和子宫复位后，术者用手按住阴门，助手可在肛门下方和阴门上方之间平行插入针头注射普鲁卡因液 10 mL，再在会阴穴和阴门两侧各注射普鲁卡因液 10 mL，术者按住阴门 3～5 min 即可。

②药物治疗

复位后用呋塞米 30～40 mL，40% 乌洛托品 50 mL，静脉注射。

中药疗法“补中益气汤加味”：炙黄芪 100 g、党参 100 g、白术 40 g、当归 60 g、熟地 30 g、白芍 30 g、川芎 30 g、升麻 80 g、柴胡 80 g、防风 30 g、陈皮 30 g、

元胡 30 g、甘草 25 g，共为末，开水冲服。以升阳益气，养血和中。

14. 风湿症

风湿症是肌肉胶原组织的急性或慢性非化脓性炎症。风湿症侵害的部位有骨骼肌、关节、心脏及蹄部。其特征是反复性、游走性、对称性、疼痛性和随运动而减轻。

(1)病因　风湿症是一种变态反应性疾病，与A型溶血性链球菌感染有关。骆驼常年生活在沙漠戈壁，夜晚同样在野外露宿，雨雪风霜侵袭是不可避免的。所以，风湿症是骆驼最常见的疾病。

(2)症状　风湿症的主要症状是发病肌群、关节及蹄的疼痛和机能障碍，疼痛表现时轻时重。

①颈部风湿症：患部肌肉僵硬、疼痛。两侧颈部肌肉风湿时，病驼低头难，一侧肌肉风湿时，患驼斜颈。

②前肢风湿症：病肢减负体重、悬跛。两前肢同时发病时，病驼头颈高举站立，两前肢前踏，蹄后跟着地，运步时步幅短缩，关节伸展不充分。

③背腰部风湿症：腰背部肌肉僵硬，站立时腰背部拱起，凹腰反射减弱或消失，行走时背腰不灵活，后躯强拘，步幅较短，站立与卧下都比较困难。

④后肢风湿症：后肢肌肉僵硬、疼痛，后肢迈步缓慢，跛行症状明显。

(3)治疗　消除病因，解热镇痛。

①水杨酸钠疗法：静注撒乌安注射液(10%水杨酸钠 150 mL，40%乌洛托品液 30 mL，10%安钠咖液 20 mL)一日 1 次，连用 5～7 d。

②水杨酸钠、碳酸氢钠和自家血疗法：10%水杨酸钠液 20 mL，5%碳酸氢钠液 200 mL，每日 1 次静脉注射。自家血注射量第 1 天 80 mL，第 3 天 100 mL，第 5 天 120 mL，第 7 天 140 mL，7 d 为 1 个疗程。

③中药疗法：

防风散：防风 75 g、羌活 50 g、独活 50 g、黑附子 30 g、当归 80 g、台乌 30 g、升麻 30 g、葛根 30 g、柴胡 30 g、山药 30 g、连翘 30 g、甘草 25 g，共为末，开水冲服。治风先活血，血活风自灭。

独活寄生汤：独活 75 g、防风 50 g、桑寄生 80 g、细辛 20 g、当归 50 g、白芍 40 g、桂枝 30 g、杜仲 40 g、秦艽 40 g、川芎 30 g、熟地 50 g、牛膝 30 g、党参 45 g、茯苓 30 g、甘草 30 g，共为末，加白酒 100 mL，开水冲服。祛风湿、益肝肾、止脾痛。

15. 结膜炎及角膜炎

结膜炎是眼睑结膜和眼球结膜的表层或深层炎症，临床上呈急性或慢性经过。

(1)病因

①骆驼眼睫毛长而密，可防止风沙、灰尘侵入眼睛，但树枝、芒刺、草屑免不了刺入眼结膜囊内而引其发病。

②机械的损伤，如鞭打、笼头压迫和摩擦也常引发本病。

③继发于某些疾病，如流感、鼻炎和鼻蝇虫蚴等。

(2)症状　根据病程经过，临床上分急性结膜炎和慢性结膜炎。

①急性结膜炎：初期羞明流泪，结膜潮红，随着病情的发展，眼睑肿胀，重者眼睑闭合，结膜背面有出血斑、有多量黏液性或脓性分泌物。

②慢性结膜炎：一般症状较轻，不呈现畏光，分泌物浓稠，结膜暗红，肥厚呈丝绒状。由于分泌物的刺激，眼内角下方皮肤发生湿疹，脱毛并发痒。

(3)治疗

①用无刺激性的药液清洗，如2%～3%硼酸或新洁尔灭液冲洗。

②疼痛较重者用1%～2%盐酸普鲁卡因液点眼。

③分泌物过多者用0.3%硫酸锌液或1%～2%明矾液点眼。

④慢性结膜炎用硝酸银棒涂擦结膜表面，然后立即用生理盐水冲洗，再行温敷。

⑤有云雾或斑翳的用1%～3%黄降汞点眼。

16. 沙葱中毒

沙葱是分布在沙地及海拔2 500 m以下沙漠戈壁的一种旱生植物，旱季生长稀少，春季雪消以后或大雨后即可出土生长。骆驼采食中等量时，不引起中毒，可以使骆驼增膘。如果将骆驼在沙葱密集生长的牧地放牧，5～7 d就可发现骆驼中毒。

(1)症状　根据病程可分为急性、亚急性、慢性3种，中毒多发生于采食旺盛，体质较好的青壮年驼，年老体弱者发病较少。

①急性型：前期症状不明显，前1天一切正常，次日早上可发现死亡。

②亚急性型：精神高度沉郁，体温升高至41℃以上，食欲、反刍停止。有时安静卧地，有时头朝抬眼呆立，两前肢叉开，呼吸困难，鼻孔张开，静脉怒张、尿色紫黑。后期卧地不起，心跳80～100次/min，最后呼吸高度困难，常窒息死亡，病程1～3 d。

③慢性型：春秋采食沙葱，中毒症状不明显，但在冬春季节，表现慢性肝炎

和胃肠炎症状，流泪、眼结膜黄染，视力减退，经常向着太阳呆立，拉稀，食欲极少，以衰竭而死亡。

(2)病理变化　尸体很快腐败、尸僵不全，皮下气肿，黄染、全身淤血。肺肿大，切开流黑红色黏稠血液。肝大，呈紫黑色，切开浑浊不清，质脆。脾、肾肿大，切面均流出黑红色血液。心脏和胃肠无肉眼可见的变化。

(3)治疗　对亚急性病例可施行急救措施。

①静脉放血 2 000 mL 左右，继之静脉输入 5%糖盐水 3 000～5 000 mL。

②酸奶 2～3 kg 或食醋 1～2 kg，一次灌服。

③中药疗法：生地 60 g、菌陈 60 g、龙胆草 40 g、黄芩 40 g、青葙子 30 g、菊花 40 g、黄连 30 g、山楂 30 g、麦芽 40 g、神曲 30 g，为末，开水冲服。

17. 麻黄中毒

麻黄是中药中用于发汗解表的药物，主要生长在沙地和山沟一带，骆驼在牧草丰盛时很少采食，但在春季缺草时也可采食，连续采食 7 d 后就出现中毒症状。

(1)症状　食欲废绝，兴奋不安，神志不清，视力减退，步态不稳，行走时前肢抬得很高，状如鸡步，有的跌入山沟摔伤，甚至摔死。兴奋期过后，出现麻痹状态，卧地不起，有时横卧，四肢做游泳状划动。最后以虚脱或麻痹死亡。

(2)治疗

①静脉放血 2 000～3 000 mL，相继静脉输入 5%糖盐水 5 000 mL。

②静脉注射三溴合剂 300 mL。

③出现虚脱时用 10%葡萄糖液 1 500～2 000 mL，20%安钠咖 20 mL，静脉注射。

④中药疗法：青蒿 80 g、知母 40 g、黄柏 40 g、茯神 30 g、白扁豆 50 g、栀子 30 g、柴胡 30 g、龙胆草 30 g、车前子 30 g、菊花 30 g、甘草 40 g，共为末，开水冲服。

任务三　骆驼常见疾病的针灸治疗

针灸是我国传统的兽医诊疗技术，是在中兽医理论指导下，根据辨证论治和补虚泻实等原则，运用针灸工具对穴位施以物理刺激以促使经络通畅，气血调和,达到扶正祛邪、防治病症的目的。

骆驼常年生活在沙漠戈壁,驼群分散,交通不便,缺医少药,给驼病诊治造成极大的困难,因此积极推广针灸技术,在农牧民中培养针灸技术人才,发挥针灸的作用,对养驼业的健康发展有着十分重要的意义。

骆驼常用针灸穴位及其适应证如下:

1. 头颈部(22 穴)

(1)脑顶

①穴位:枕嵴前、顶嵴两侧凹陷中,左右各 1 穴。

②针烙法:用烙烧针。

③主治:项嵴风,腰风,破伤风。

(2)大风门

①穴位:在头顶部,共 3 穴,顶骨前四寸正中 1 穴(顶嵴和额嵴连结处),另 2 穴在上穴两侧斜下方约一寸五分处,3 穴呈三角形。

②针法:火针由下方穴,向上方穴沿皮下刺入一寸五分或用浸醋布垫穴火烙。

③主治:项强腰直,诸风之症。

(3)通灵(龙会、顶门)

①穴位:额部,两外眼角连线正中凹陷处 1 穴。

②针法:火针沿下向上刺入五分至一寸或火烙。

③主治:脑黄,心风症。

(4)大脉

①穴位:顶骨前下血管上 1 穴。

②针法:小宽针刺入三分出血。

③主治:受热,毛焦,脑黄。

(5)眼脉

①穴位:外眼角后下方二寸处,颧弓下面横静脉上,左右各 1 穴。

②针法:小宽针沿血管水平刺入三分出血。

③主治:肝经血热,眼生翳膜。

(6)睛明

①穴位:内眼角下距眼角五分处之血管上,左右侧各 1 穴。

②针法:由下向上刺入三分出血。

③主治:结膜炎,流泪。

(7)三江

①穴位:内眼角前下二寸处的血管上,左右侧各1穴。

②针法:小宽针刺入三分出血。

③主治:肚痛,流泪,翳膜遮眼,眼生瘀肉。

(8)血堂(鼻骨)

①穴位:鼻孔内上方脆骨上(下鼻甲骨下端),左右各1穴。

②针法:小宽针由下向上刺入三分出血,或以手指、小木棒插入压破鼻甲骨。

③主治:肚痛,鼻流浓涕。

(9)气海

①穴位:鼻孔后一寸处血管上,左右各1穴。

②针法:小宽针由前向后刺入五分见血。

③主治:三焦积热。

(10)锁口(口角)

①穴位:口角沿线向后一寸处,上下颌骨之间颊肌上左右侧各1穴。

②针烙法:火针斜向后上方,刺入一寸或火烙。

③主治:头肿,牙关紧闭。

(11)内唇阴

①穴位:上唇黏膜血管上,左右侧各1穴。

②针法:小宽针刺破血管,出血。

③主治:胸痛,心肺积热。

(12)唇尖

①穴位:下唇尖旋上1穴。

②针法:白针、小宽针刺入三分出血。

③主治:唇肿,流涎。

(13)玉堂

①穴位:口内硬腭第三腭褶外沿近犬齿处,左右各1穴。

②针法:小宽针由口角水平刺入三分出血。

③主治:口臭,草慢腹细。

(14)通关

①穴位:舌底两侧血管上,左右各1穴。

②针法:拉出舌头,小宽针刺入血管二分出血。

③主治:舌疮、肚胀、肚痛;心经积热。

(15)耳尖

①穴位:耳尖端,左右各1穴。

②针法:小宽针刺入三分或割破。

③主治:耳内生疮、头肿、黑汗风、肚痛、感冒。

(16)风门

①穴位:耳后下方五分的凹陷中(寰椎翼前沿正中),左右各1穴。

②针法:火针垂直体表刺入五分。

③主治:破伤风、脑黄、项脊风湿。

(17)伏兔

①穴位:风门后一寸,寰椎翼孔上部凹陷中,左右各1穴。

②针法:同风门穴。

③主治:同风门穴。

(18)喉俞(嗓黄)

①穴位:喉头两侧,第2、3气管环上方,左右各1穴。

②针法:火针水平刺入八分至一寸,如手法熟练,可由气管环上穿透更好。

③主治:喉头肿胀,鼻流浓涕。

(19)鹘脉

①穴位:颊后三、五寸,颈静脉上左右各1穴。

②针法:先按低驼头,在颈基部用绳子捆扎,使血管怒张,然后用固定在针槌上的小宽针猛击血管,开始出血后松绳,达到要求放血量后,抬头后便可自行止血。

③主治:脏腑积热、经络不通、中毒性疾病。

(20)九委(即上上委、上中委、上下委、中上委、中中委、中下委、下上委、下中委、下下委)

①穴位:鬃毛项筋下,距耳后三寸处为第1穴(即上上委),往后沿颈肌下沿至弓子骨前角一寸五分处,等分八份,每侧九穴,左右共18穴。

②针法:火针水平刺入一寸,或透过。

③主治:项脊风湿,低头难转。

(21)项烙

①穴位:耳后板筋下肌沟内左右各1穴。

②针法:烙铁烙之。

③主治:破伤风、项颈风、低头难转。

(22)三川

①穴位:前峰直下,脖子背中线上有三个横褶,中间褶中1穴。

②针法:将驼头按下,穴孔自开,左手拇指下按切开两侧板筋,火针或白针垂直刺入二至三寸。

③主治:低头或抬头准,转动不灵活。

2. 躯干部(25穴)

(1)肺门

①穴位:臆骨(胸骨柄)两侧,夹气穴下一寸处,左右侧各1穴。

②针法:火针或白针刺入一至二寸。

③主治:肺气把搏,前肢闪伤。

(2)肝俞

①穴位:倒数第四肋骨,距背中线约一尺二寸处,左右侧各1穴。

②针法:火针斜刺入一寸(不要穿透胸壁,下同)。

③主治:肝经疾病。

(3)肺俞

①穴位:倒数第5肋,距背中线一尺五寸处,左右各1穴。

②针法:火针斜刺入一至二寸半。

③主治:肺痛、咳嗽、肺寒吐沫。

(4)脾俞

①穴位:倒数第3肋间,距背中线八寸处,左侧1穴。

②针法:火针斜刺入一寸。

③主治:脾寒、肚痛、肚胀。

(5)肺攀

①穴位:抢风穴后上方三寸处,肩胛骨后沿凹陷中,左右侧各1穴。

②针法:白针或火针水平刺入一至二寸。

③主治:气血凝滞,膀滞胸痛。

(6)穿黄

①穴位:前胸、下腹部起黄有穴,无黄无穴。

②针法:用穿黄针并穿麻绳子刺过,吊上约五钱左右重的东西,促使针孔开张,便于黄水流出。

③主治:胸黄,肚黄。

(7)胸膛

①穴位:胸骨侧血管上左右侧各1穴。

②针法:小宽针沿血管刺入三分出血。

③主治:心经积热,胸膊凝滞。

(8)带脉

①穴位:胸膛后四指处血管上左右各1穴。

②针法:小宽针沿血管刺入三分出血。

③主治:肠黄,脾经热。

(9)百会

①穴位:后峰后根、脊节骨前腰荐结合部凹陷中1穴。

②针法:火针垂直刺入一至二寸。

③主治:腰风湿寒、腰胯、拉稀、肚痛、便秘。

(10)胯尖

①穴位:百会穴旁开二指凹陷中左右侧各1穴。

②针法:火针垂直体表刺入一至二寸。

③主治:腰胯风湿。

(11)肾角

①穴位:在百会穴稍前下方二寸处的最长肌肉中,左右侧各1穴。

②针法:火针垂直体表刺入一至二寸。

③主治:腰风湿,后肢风湿。

(12)肾俞

①穴位:肾角穴稍前下方二寸处,背最长肌上,左右各1穴。

②针法:火针垂直体表刺入一至二寸。

③主治:同肾角穴。

(13)肾棚

①穴位:肾俞穴前二寸处,背最长肌上,左右侧各1穴。

②针法:火针垂直刺入一至二寸。

③主治:同肾角穴。

(14)前峰

①穴位:前峰正前基部胸椎脊突间凹中1穴。

②针法:火针或毫针垂直刺入一至二寸。

③主治:颈风湿,前肢风湿。

(15)脊俞

①穴位:两峰正中间凹陷中1穴,其前后凹陷中各1穴,共3穴。

②针法:火针垂直刺入一至二寸。

③主治:腰膀气滞,风湿症等。

(16)腰俞

①穴位:脊俞正中两侧四指处,左右侧各1穴。

②针法:火针垂直刺入一至二寸。

③主治:揭鞍风,腰风湿。

(17)丹田

①穴位:后峰前基前第二凹陷处1穴。

②针法:火针垂直刺入一至二寸。

③主治:伤水拉稀、肚痛、腰风湿、腰肌运动障碍。

(18)后峰

①穴位:后峰前后基部正中均是穴。

②针法:火针由后向前斜上方刺入二至三寸或由前向后水平刺入一寸。

③主治:腰风。

(19)峰尖

①穴位:驼峰顶尖处,前后峰各1穴。

②针法:火针垂直刺入一至二寸。

③主治:黑汗风、水囊积热、不吃。

(20)云门

①穴位:腹中线上,脐前一寸处1穴或在脐前一寸稍旁开,左右均可。

②针法:大宽针刺破皮肤和腹膜,向上插入宿水管。

③主治:宿水停脐。

(21)尾根

①穴位:在尾根上面,荐尾结合部的椎间凹陷中1穴。

②针法:火针垂直刺入五分。

③主治:腰尾风,偏尾风瘙。

(22)尾旁

①穴位:尾根上两旁距肛门约一寸处,左右侧各1穴。

②针法:火针向前下方刺入一寸。

③主治:偏尾风瘙,闪伤腰胯,脱肛。

(23)尾本

①穴位:尾根底面四指处血管上1穴。

②针法:以小宽针刺入三分出血。

③主治:肚痛、腰胯痛、胞转。

(24)尾尖

①穴位:尾尖端1穴。

②针法:以小宽针向里刺入一寸出血或划成十字。

③主治:肚痛、黑汗风、尿结。

(25)后海

①穴位:尾根下肛门上的陷窝巾1穴。

②针法:火针向前刺入一至二寸。

③主治:便结、肚痛、肚胀。

3. 肢部(29穴)

(1)膊尖

①穴位:肩胛前沿,肩胛软骨与肩胛骨前角结合部的凹陷中,左右侧各1穴。

②针法:火针向后水平刺入一至二寸。

③主治:前肢风湿,膊尖肿痛。

(2)膊栏

①穴位:膊尖穴前下方约三寸处,左右侧各1穴。

②针法:火针垂直体表刺入一至二寸。

③主治:同膊尖穴。

(3)抢风

①穴位:抢风骨节(肩关节)后方约四寸处,肩峰直下凹陷中,左右侧各1穴。

②针法:火针水平刺入一至二寸。

③主治:膀痛,前肢风湿症。

(4)冲天

①穴位:抢风穴稍上方约三寸许的凹陷中(臂三头肌长头前缘与三角肌间沟中)左右侧各1穴。

②针法:火针水平刺入一至二寸。

③主治:膀滞胸痛。

(5)肩井

①穴位:在肩端肱骨外上缘,即肱骨大结节上部的凹陷中,左右侧各1穴。

②针法:火针斜内下方刺入一寸,毫针刺入二寸。

③主治:肩关节肿痛,前肌风湿症。

(6)肘俞

①穴位:肘头外前上方凹陷中,臂三头肌止点处。

②针法:火针垂直皮肤刺入一寸。

③主治:前肢风湿,肘关节扭伤。

(7)乘镫

①穴位:肘俞穴水平前一寸处,左右侧各1穴。

②针法:火针垂直体表刺入一至二寸。

③主治:前肢麻木风湿。

(8)夹气

①穴位:胸骨两侧腋窝内,左右肢各1穴。

②针法:先用大宽针刺破穴位皮肤,然后用夹气针刺入一尺至一尺二寸,随即拔针,出针后将患肢前后摆动数次即可。

③主治：内夹气。

(9)膝眼

①穴位：腕关节角质垫下两侧坑窝中左右肢各2穴。

②主治：腋腕肿，腕黄。

(10)同筋

①穴位：前肢内侧，胸下四指处血管上左右肢各1穴。

②针法：小宽针刺入三分出血。

③主治：心经积热，小肠结。

(11)缠腕

①穴位：前后肢寸节骨上，筋前骨后血管上，每肢内外侧各1穴。

②针法：小宽针沿血管刺入三分出血。避开血管穿透对侧。避开血管白针刺入五分，提皮换气。

③主治：内伤寸节(球节捻挫，腿痛麻木)。

(12)蹄窝

①穴位：蹄叉稍上方正中窝，每蹄各1穴。

②针法：白针水平穿透，蹄肿时火针穿透。

③主治：蹄肿、肚痛、三焦积热。

(13)蹄甲

①穴位：蹄甲后肢骨窝中即第2、3指骨节间，每蹄内外各1穴。

②针法：小宽针稍向后下方刺入三至五分出血。

③主治：蹄肿热痛，腿痛。

(14)蹄门

①穴位：蹄后窝两侧小窝中，中指(趾)屈腱旁。

②针法：小宽针水平刺入三分至五分出血或火针刺入一寸。

③主治：蹄肿、抽筋、蹄掌充血。

(15)蹄掌(蹄沿)

①穴位：毛边与角指掌之间，爪蹄(蹄甲)后四指处，每蹄内外侧各1穴。

②针法：小宽针水平刺入五分至一寸出血。

③主治：蹄肿、折掌、蹄漏。

(16)大胯(有的资料称环后穴,部位相似)

①穴位:百会穴斜后下方约五寸处,股骨大转子后凹陷中,左右侧各1穴。

②针法:火针垂直刺入一寸半至二寸,孕驼慎针。

③主治:后肢风湿,胯痛。

(17)小胯

①穴位:大胯穴斜后下方,大转子后下方,股头肌内左右侧各1穴。

②针法:火针垂直皮肤刺入一至一寸半。

③主治:寒伤腰胯,气滞胯痛。

(18)汗沟

①穴位:小胯穴后下方约三寸处肌沟中,左右各1穴。

②针法;火针水平刺入一至二寸。

③主治:寒伤腰胯。

(19)巴山

①穴位:汗沟穴上一寸处肌沟内,左右侧各1穴。

②针法:火针垂直皮肤刺入一至二寸。

③主治:同汗沟穴。

(20)路段

①穴位:巴山穴直前二寸肌沟缝间,左右侧各1穴。

②针法:火针垂直皮肤刺入一至二寸。

③主治:鸡爪风。

(21)仰瓦

①穴位:路股穴下二寸左右侧各1穴。

②针法:火针垂直刺入一至二寸。

③主治:后肢风湿,麻木。

(22)邪气

①穴位:汗沟下四指肌沟内,左右侧各1穴。

②针法:火针垂直皮肤刺入一至二寸。

③主治:后肢麻木,转筋。

(23)掠草

①穴位:膝盖骨角质垫下沿、膝外,中直韧带间的凹陷中,左右肢各1穴。

②针法:火针向后上方刺入一至二寸。

③主治:掠草痛,后肢筋骨痛。

(24)阳陵

①穴位:膝关节后,胫骨外踝上沿的凹陷处左右侧各1穴。

②针法;火针或毫针水平刺入一至一寸五分。

③主治:掠草骨痛,后肢筋骨痛。

(25)肾堂

①穴位:大腿内侧,腹下四指处血管上,左右侧各1穴。

②针法:中宽针沿血管刺入三分出血。

③主治:肾经积热、闪伤腰胯、小腹生疹(注:肾堂穴下二指为交当穴,针法、主治相同)。

(26)曲池

①穴位:后肢跗关节内侧血管上,左右肢各1穴。

②针法:小宽针沿血管刺入三分出血。

③主治:跗关节炎,胃热。

(27)昆仑

①穴位:跟骨上方,跟腱前的凹陷中左右各1穴。

②针法:毫针沿皮下刺入五分(以不穿透对侧皮肤为度)。

③主治:跗趾关节肿痛,腰腿痛。

(28)弓子

①穴位:昆仑穴上方三角区止点处。

②针法:小宽针穿透或火针穿透。

③主治:后肢肿胀,肚痛。

(29)风市

①穴位:邪风穴下四指稍向里,左右肢各1穴。

②针法:火针,水平刺入一寸。

③主治:同邪气穴。

参 考 文 献

[1]宁夏农学院,内蒙古农牧学院．养驼学.北京:农业出版社,1983.

[2]李贵华．骆驼养殖技术与产品开发.北京:中国农业科学技术出版社,2022.

[3]张勇,赵兴绪．骆驼养殖与利用.北京:金盾出版社,2002.